Photoshop网店美工实战

吴 洁 陈晓燕 主编

朱静静 副主编

广东高等教育出版社
Guangdong Higher Education Press
·广州·

图书在版编目 (CIP) 数据

Photoshop 网店美工实战 / 吴浩，陈晓燕主编. —广州：广东高等教育出版社，2020.3（2021.7 重印）

ISBN 978 - 7 - 5361 - 6717 - 9

Ⅰ. ①P… Ⅱ. ①吴… ②陈… Ⅲ. ①图象处理软件 Ⅳ. ①TP391.413

中国版本图书馆 CIP 数据核字（2019）第 024975 号

扫一扫获取本书资源

（提取码：gdgj）

出版发行	广东高等教育出版社
	地址：广州市天河区林和西横路
	邮编：510500　营销电话：（020）87553735
	网址：www.gdgjs.com.cn
印　刷	佛山市浩文彩色印刷有限公司
开　本	787 mm × 1 092 mm　1/16
印　张	12.75
字　数	294 千
版　次	2020 年 3 月第 1 版
印　次	2021 年 7 月第 2 次印刷
定　价	68.00 元

前 言

本书基于淘宝、天猫店装修的常见模块，以 Photoshop 为软件平台，通过丰富的实战案例为读者展示店铺装修的技巧及方法。全书共 9 章，分为基础篇及实战篇，其中第 1 ~ 4 章为基础篇，主要讲解网店装修过程中的基础操作、抠图技巧、调色技巧及文字排版布局；第 5 ~ 9 章为实战篇，主要讲解网店装修过程中的直通车主图设计、店招设计、首页海报设计、详情页设计以及促销图设计。本书结构清晰易读、案例精美翔实，适合网店经营的初、中级读者阅读，也可作为中高职院校相关专业的辅导教材。

本书内容全面，结构清晰。几乎涵盖网店装修所涉及的全部模块，实例选材广泛，囊括服装、箱包、家电、食品、美妆等热门商品类目，为读者传授不同的设计语言与图片制作技巧。

本书深入浅出，通俗易懂。全程图解剖析，步骤清晰易读，理论与实践相结合，让读者学习起来更加轻松高效。

本书案例丰富，扫码即学。实战案例丰富且具有代表性，每个模块中的案例都呈现由入门到进阶的递进式学习，技巧全面实用。此外，书中的案例均配备相应的操作视频，读者可以随时随地通过终端设备扫码学习。

本书配套资源，学习无忧。全书配套大量实例素材及源文件，超过 300 分钟的带解说操作视频、全课教学 PPT、配色手册，助您学习无忧！

本书由吴浩、陈晓燕担任主编，朱静静担任副主编，参与编写的人员还有金婉、蔡宗霞、黄静娜、张梦依、林晓婷。由于时间仓促和编者水平有限，书中难免存在不足之处，欢迎广大读者批评指正。

编者

2019 年 12 月

目 录

模块一 基础篇 1

模块二 实战篇 69

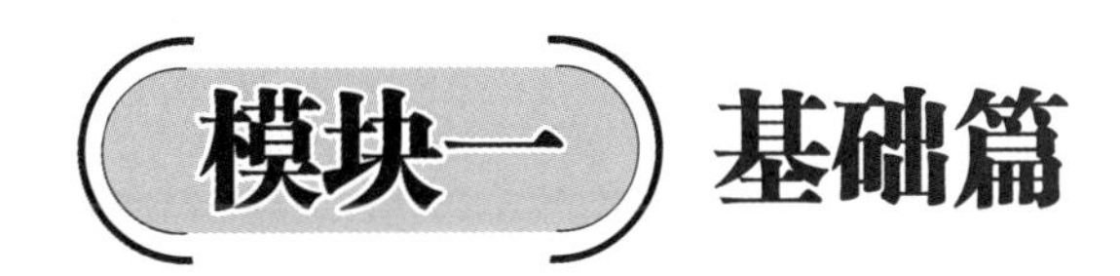

第1章 Photoshop 软件基础操作

本章讲解 Photoshop 软件的基础操作。在本章中将列举几种常见的软件基本操作，通过掌握新建、打开、保存文件，缩放图像，抓手工具等的操作技巧及方法，从而为后面的深入学习打下扎实基础。

学习目标

1. 掌握新建、打开与保存图像的基本操作；
2. 学会缩放图像的方法；
3. 掌握抓手工具的使用。

1.1 新建文件

素材位置：无
视频位置：视频 /1.1 新建文件 .avi
源文件位置：无
本节主要了解 Adobe Photoshop CS6 的启动及掌握新建文件的操作方法。

步骤 1 启动 Adobe Photoshop CS6。单击【开始】—【所有程序】— Adobe Photoshop CS6 命令，或双击快捷图标 Ps，即可启动 Adobe Photoshop CS6，启动后工作界面如图 1-1-1 所示。

图 1–1–1

步骤 2　启动后，默认状态下 Photoshop 界面上没有文件窗口。按 Ctrl+N 组合键执行新建文件命令，打开【新建】对话框，如图 1–1–2 所示。

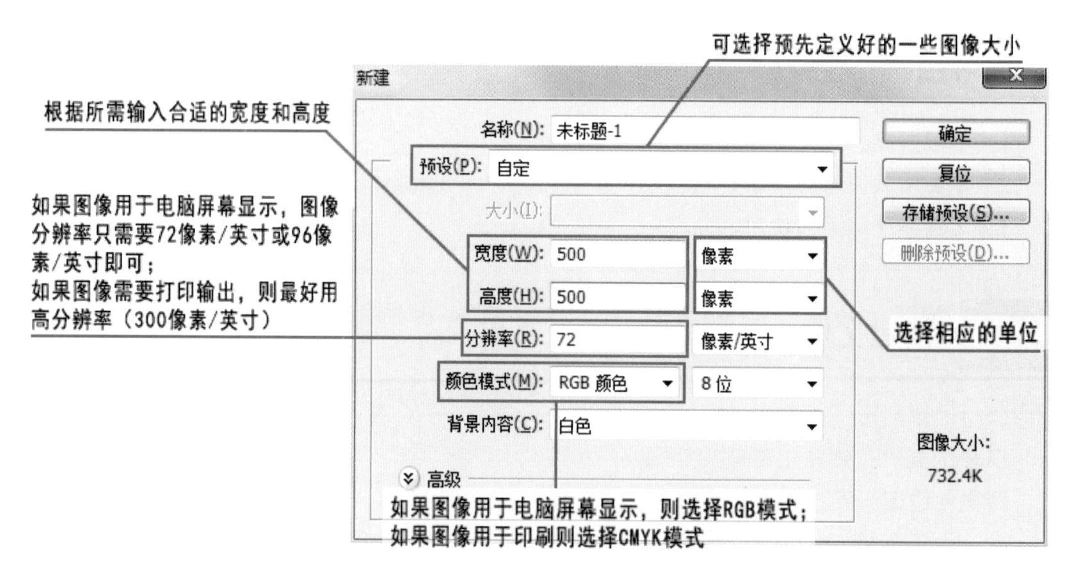

图 1–1–2

步骤 3　设置完各项参数后，单击【确定】按钮，即可在工作区中创建一个文件。窗口界面如图 1–1–3 所示。

图 1-1-3

1.2 打开图像

素材位置：无

视频位置：视频 /1.2 打开图像 .avi

源文件位置：无

本节主要讲解在 Adobe Photoshop CS6 中打开图像的操作方法，认识【打开为】和【打开】命令的区别，了解【最近打开文件】的使用技巧。

步骤 1　按 Ctrl+O 组合键执行打开文件命令，弹出【打开】对话框。

步骤 2　选择图像文件所在的路径。可在文件类型下拉列表中选择所要打开文件的格式以缩小文件查找范围。如果选择【所有格式】，则全部的文件都会被显示出来。

步骤 3　选择要打开的文件后，单击【打开】按钮即可，如图 1-2-1 所示。当要打开多个文件时，可以按

图 1-2-1

Shift 键选择多个连续的图像文件，按 Ctrl 键选择不连续的多个图像文件。

步骤 4 也可以使用【打开为】命令来打开文件。【打开为】命令和【打开】命令区别在于，【打开为】命令可以打开一些使用【打开】命令无法辨认的文件，例如某些从网上下载的图像，如果以错误的格式保存，则使用【打开】命令无法打开，此时可尝试使用【打开为】命令。

步骤 5 如果想快速打开最近使用过的文件，执行菜单栏中的【文件】—【最近打开文件】命令，单击即可打开最近打开过的 20 个图像文件中的任意一个。

步骤 6 打开文件后的窗口界面如图 1-2-2 所示。

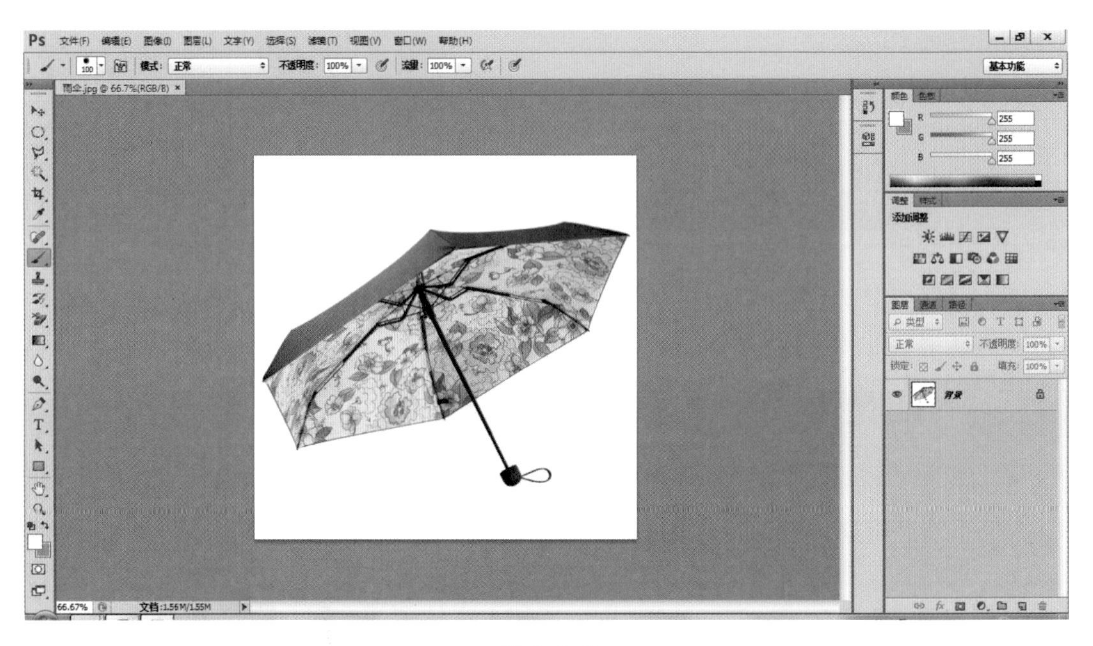

图 1-2-2

1.3 保存图像

素材位置：无

视频位置：视频 /1.3 保存图像 .avi

源文件位置：无

本节主要讲解文件的存储方法，认识【存储】和【存储为】命令的区别。

步骤 1 保存新文件。按 Ctrl+S 组合键执行文件保存命令，弹出【存储为】对话框，如图 1-3-1 所示。

步骤 2 选择图像文件存储的路径，在【文件名】文本框中输入文件要保存的名称。在【保存类型】下拉列表中选择文件保存的格式。在【存储选项】选项组中根据需要选择需要保存的参数设置，如图 1–3–2 所示。

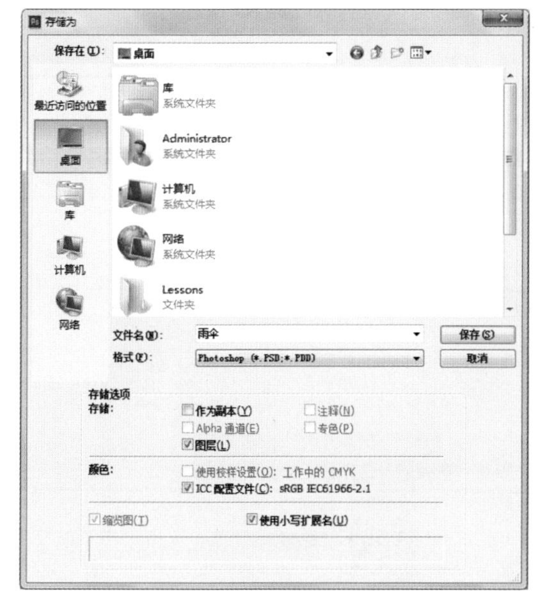

图 1–3–1

图 1–3–2

步骤 3　设置完成后，单击【保存】按钮即可。

步骤 4　如果是已保存过的文件，对其修改后进行保存，只要按 Ctrl+S 组合键执行文件保存命令，即可完成保存；想保存修改过的文件，但不影响原文件，可执行菜单栏中的【文件】—【存储为】命令进行保存。

1.4 缩放图像

素材位置：素材 / 玩偶 .jpg

视频位置：视频 /1.4 缩放图像 .avi

源文件位置：无

本节主要讲解利用缩放工具的选项栏来缩放图像大小的方法和区别。

步骤 1　选择工具箱中的【缩放工具】🔍，选择🔍后单击图像，图像将以图像当前显示区域为中心放大比例，放大前的效果如图 1–4–1 所示，放大后的效果如图 1–4–2 所示。

图 1-4-1

图 1-4-2

步骤 2 选择🔍后单击图像，图像将以图像当前显示区域为中心缩小比例，缩小前的效果如图 1-4-3 所示，缩小后的效果如图 1-4-4 所示。

图 1-4-3

图 1–4–4

步骤 3　在【缩放工具】的选项栏中，单击【实际像素】，使图像以 100% 的比例显示，效果如图 1–4–5 所示。

图 1–4–5

步骤 4　在【缩放工具】的选项栏中，单击【适合屏幕】，将在窗口中最大化显示完整的图像，效果如图 1–4–6 所示。

图 1–4–6

步骤 5 在【缩放工具】的选项栏中，单击【填充屏幕】，将在屏幕范围内最大化显示完整的图像，效果如图 1-4-7 所示。

图 1-4-7

步骤 6 在【缩放工具】的选项栏中，单击【打印尺寸】，以实际打印尺寸显示图像，效果如图 1-4-8 所示。

图 1-4-8

1.5 抓手工具

素材位置：素材 / 保温杯 .jpg

视频位置：视频 /1.5 抓手工具 .avi

源文件位置：无

本节主要讲解使用抓手工具移动画面的方法。当图像尺寸较大，或者由于放大图像的显示比例而不能显示全部图像时，使用抓手工具可查看图像的不同区域，也可缩放图像。

步骤 1 选择工具箱中的【抓手工具】，按住 Alt 键单击图像可缩小图像，按住 Ctrl 键单击图像可放大图像。

步骤 2 选择工具箱中的【抓手工具】，单击并拖动鼠标即可移动画面查看图像的不同区域。

步骤 3 同时按住鼠标左键和 H 键，窗口中就会显示全部图像并出现一个矩形框，将矩形框定位在需要查看的区域，然后放开鼠标按键和 H 键，可以快速放大并转到这一图像区域，如图 1-5-1 所示。

图 1-5-1

步骤 4 如果同时打开了多个图像文件，勾选【抓手工具】选项栏中的【滚动所有窗口】选项，移动画面的操作将用于所有不能完整显示的图像。其他选项与缩放工具相同。

第 2 章 商品抠图技巧

本章讲解利用 Photoshop 软件中的工具进行商品抠图的操作方法。商品抠图在店铺装修中占有相当大的比重，同时也是处理商品图像必须掌握的一项基本技能。本章通过选取多种网店中常见的商品图像，使用最基本的方法对其进行抠图，全面讲解商品抠图的常见操作方法。

学习目标

1. 学会使用【矩形选框工具】等方法抠取常规形状的商品；
2. 学会使用【魔棒工具】等方法抠取背景单一的商品；
3. 学会使用【钢笔工具】等方法抠取背景复杂的商品；
4. 学会使用【调整边缘】和【渐变映射】命令抠取毛发类商品。

2.1 常规形状的抠图技巧

2.1.1 使用多边形套索工具抠图

素材位置：素材 / 纸巾盒 .jpg

视频位置：视频 /2.1.1 使用多边形套索工具抠图 .avi

源文件位置：源文件 /2.1.1 使用多边形套索工具抠图 .psd

本节主要讲解利用【多边形套索工具】抠取多边形商品的操作方法，【多边形套索工具】可以绘制任意角度的不规则选区，适用于抠取不同角度同时带有明显棱角的商品，最终效果如图 2–1–1 所示。

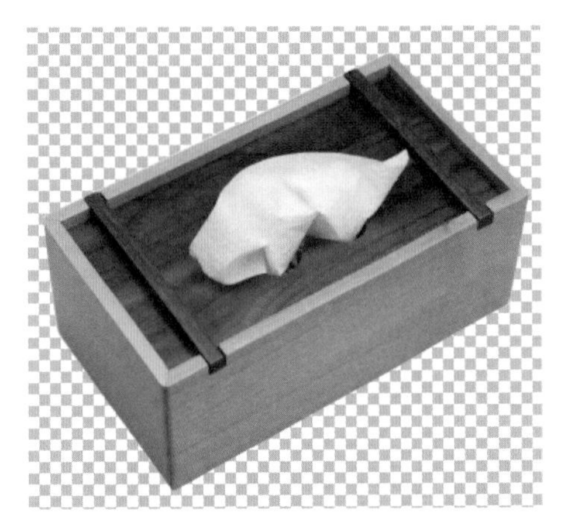

图 2–1–1

步骤 1　按 Ctrl+O 组合键执行打开文件命令，打开“纸巾盒 .jpg”文件，如图 2–1–2 所示。

图 2–1–2

步骤 2　选择工具箱中的【多边形套索工具】，沿着纸巾盒的边缘，在拐角处单击鼠标左键，绘制一个与其大小相同的选区，如图 2–1–3 所示。

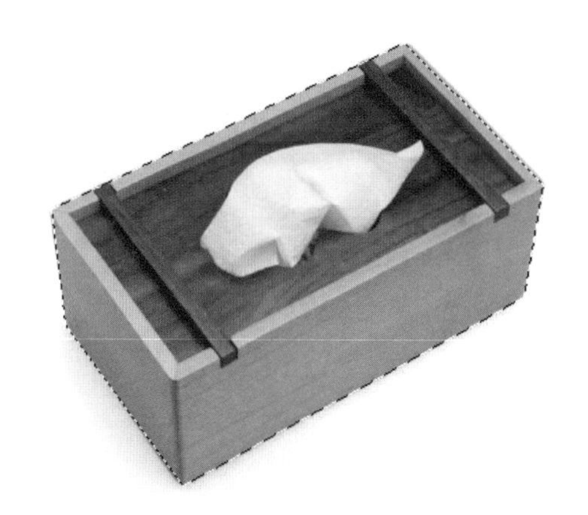

图 2–1–3

步骤 3　按 Ctrl+J 组合键执行图层拷贝新建命令，此时生成【图层 1】图层，如图 2–1–4 所示。

图 2–1–4

步骤 4 单击【背景】图层前的【指示图层可见性】图标 ，隐藏该图层，即可完成纸巾盒的抠图操作，最终效果如图 2-1-5 所示。

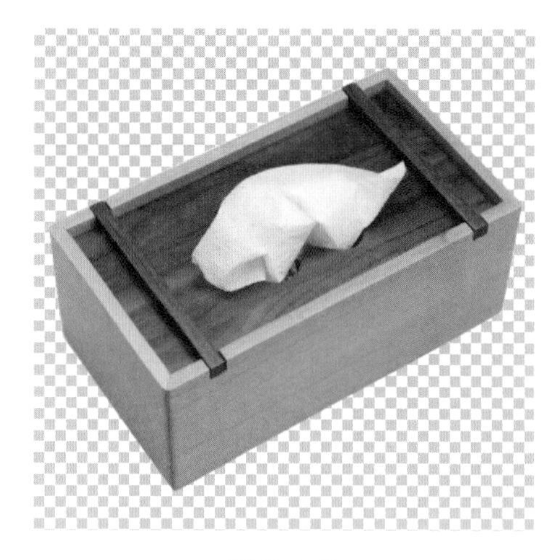

图 2-1-5

2.1.2 使用磁性套索工具抠图

素材位置：素材 / 摆件 .jpg

视频位置：视频 /2.1.2 使用磁性套索工具抠图 .avi

源文件位置：源文件 /2.1.2 使用磁性套索工具抠图 .psd

本节主要讲解利用【磁性套索工具】抠取商品的操作方法。【磁性套索工具】通过自动识别图像边缘的方式建立选区从而抠取图像，适用于边缘较为清晰且与背景对比明显的图像，最终效果如图 2-1-6 所示。

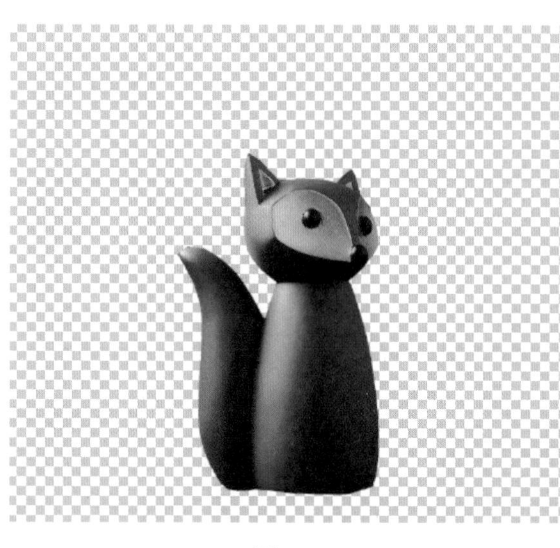

图 2-1-6

步骤 1　按 Ctrl+O 组合键执行打开文件命令，打开“摆件 .jpg”文件，如图 2–1–7 所示。

图 2–1–7

步骤 2　选择工具箱中的【磁性套索工具】，沿摆件图像的边缘拖动，将自动创建选区以选取图像，如图 2–1–8 所示。

图 2–1–8

步骤 3　按 Ctrl+J 组合键执行图层拷贝新建命令，此时生成【图层 1】图层，如图 2–1–9 所示。

图 2–1–9

步骤 4 单击【背景】图层前的【指示图层可见性】图标，隐藏该图层，即可完成摆件的抠图操作，最终效果如图 2–1–10 所示。

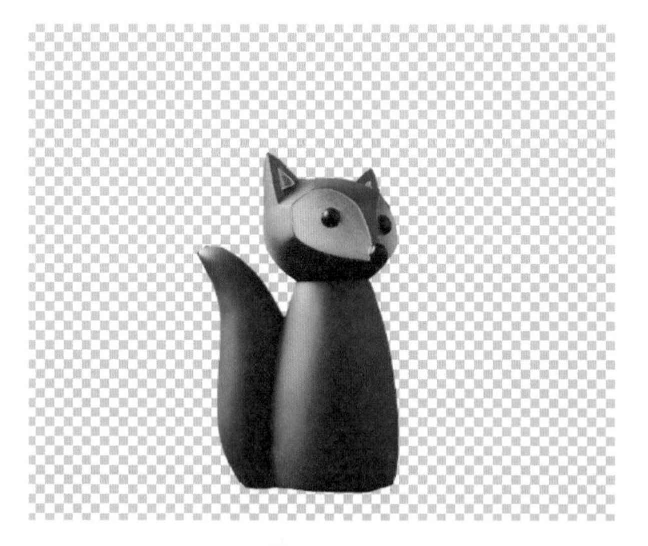

图 2–1–10

2.1.3 使用快速选择工具抠图

素材位置：素材 / 帽子 .jpg

视频位置：视频 /2.1.3 使用快速选择工具抠图 .avi

源文件位置：源文件 /2.1.3 使用快速选择工具抠图 .psd

本节主要讲解利用【快速选择工具】抠取商品的操作方法。【快速选择工具】利用可调整的画笔大小快速绘制选区，拖动鼠标时，选区会向外扩展并自动查找图像中定义的边缘，也可以分次选中不同的区域从而进行抠图，最终效果如图 2–1–11 所示。

图 2–1–11

步骤 1　按 Ctrl+O 组合键执行打开文件命令，打开“帽子 .jpg”文件，如图 2–1–12 所示。

图 2–1–12

步骤 2 选择工具箱中的【快速选择工具】，在选项栏中单击【画笔选取器】按钮，在弹出的画板中调整合适大小后，在画布中帽子以外的背景区域单击数次将其选取，如图 2-1-13 所示。

图 2-1-13

步骤 3 按 Ctrl+Shift+I 组合键执行反向选取选区命令，将选区反向以选中帽子区域，如图 2-1-14 所示。

图 2-1-14

步骤 4　按 Ctrl+J 组合键执行图层拷贝新建命令，此时生成【图层 1】图层，如图 2-1-15 所示。

图 2-1-15

步骤 5　单击【背景】图层前的【指示图层可见性】图标，隐藏该图层，即可完成帽子的抠图操作，最终效果如图 2-1-16 所示。

图 2-1-16

2.2 单色背景或商品的抠图技巧

2.2.1 使用魔棒工具抠图

素材位置：素材 / 雨伞 .jpg

视频位置：视频 /2.2.1 使用魔棒工具抠图 .avi

源文件位置：源文件 /2.2.1 使用魔棒工具抠图 .psd

本节主要讲解利用【魔棒工具】抠取单色背景商品的操作方法。【魔棒工具】通过单击可以快速选取色彩变化不大，且色调相近的区域，适用于单色背景的商品抠图，最终效果如图 2–2–1 所示。

图 2–2–1

步骤 1 按 Ctrl+O 组合键执行打开文件命令，打开“雨伞 .jpg”文件，如图 2–2–2 所示。

图 2–2–2

步骤 2　选择工具箱中的【魔棒工具】，在选项栏中将【容差】改为 20，去除勾选【连续】，在白色背景区域单击将背景选中，如图 2-2-3 所示。

图 2-2-3

步骤 3　按 Ctrl+Shift+I 组合键执行反向选取选区命令，将选区反向以选中雨伞区域，如图 2-2-4 所示。

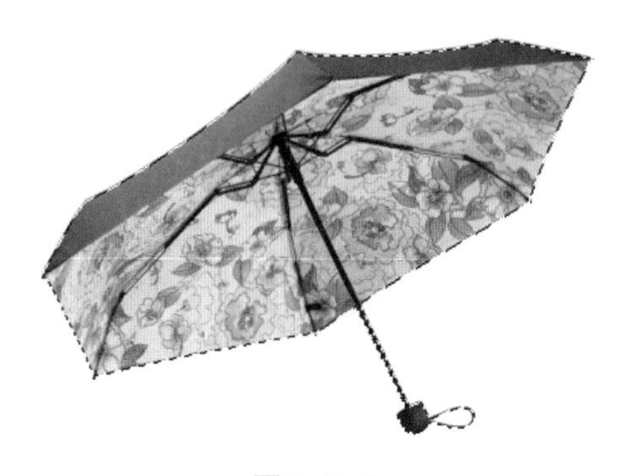

图 2-2-4

步骤 4　按 Ctrl+J 组合键执行图层拷贝新建命令，此时生成【图层 1】图层，如图 2-2-5 所示。

图 2-2-5

步骤 5 单击【背景】图层前的【指示图层可见性】图标，隐藏该图层，即可完成雨伞的抠图操作，最终效果如图 2-2-6 所示。

图 2-2-6

2.2.2 使用色彩范围命令抠图

素材位置：素材 / 抱枕 .jpg

视频位置：视频 /2.2.2 使用色彩范围命令抠图 .avi

源文件位置：源文件 /2.2.2 使用色彩范围命令抠图 .psd

本节主要讲解利用【色彩范围】命令抠取对象与背景颜色反差较大的商品图像的操作方法，【色彩范围】命令根据图像的颜色范围创建选区，与【魔棒工具】非常相似，但该命令提供了更多的控制选项，具有更高的选择精度，最终效果如图 2-2-7 所示。

图 2-2-7

步骤 1　按 Ctrl+O 组合键执行打开文件命令，打开“抱枕 .jpg”文件，如图 2-2-8 所示。

图 2-2-8

步骤 2　执行菜单栏中的【选择】—【色彩范围】命令，使用吸管在黄色抱枕区域上单击，然后在对话框中将【颜色容差】改为 160，如图 2-2-9 所示。

图 2-2-9

步骤 3　设置完成后，单击【确定】按钮，创建选区，如图 2-2-10 所示。

图 2-2-10

步骤 4 按 Ctrl+J 组合键执行图层拷贝新建命令，此时生成【图层 1】图层，如图 2-2-11 所示。

图 2-2-11

步骤 5 单击【背景】图层前的【指示图层可见性】图标，隐藏该图层，即可完成抱枕的抠图操作，最终效果如图 2-2-12 所示。

图 2-2-12

2.3 复杂背景的抠图技巧

2.3.1 使用钢笔工具抠图

素材位置：素材 / 保温杯 .jpg

视频位置：视频 /2.3.1 使用钢笔工具抠图 .avi

源文件位置：源文件 /2.3.1 使用钢笔工具抠图 .psd

本节主要讲解利用【钢笔工具】抠取背景和轮廓较为复杂的商品图像的操作方法。【钢笔工具】功能强大，绘制的路径轮廓光滑、准确，将路径转化为选区即可准确地选取对象，最终效果如图 2-3-1 所示。

图 2-3-1

步骤 1　按 Ctrl+O 组合键执行打开文件命令，打开“保温杯 .jpg”，如图 2-3-2 所示。

图 2-3-2

步骤 2　选择工具箱中的【钢笔工具】，沿保温杯边缘单击添加锚点，绘制一个封闭路径，如图 2-3-3 所示。

图 2-3-3

步骤 3 按 Ctrl+Enter 组合键将路径作为选区载入，如图 2-3-4 所示。

图 2-3-4

步骤 4 按 Ctrl+J 组合键执行图层拷贝新建命令，此时生成【图层 1】图层，如图 2-3-5 所示。

图 2-3-5

步骤 5 单击【背景】图层前的【指示图层可见性】图标，隐藏该图层，即可完成保温杯的抠图操作，最终效果如图 2-3-6 所示。

图 2-3-6

2.3.2 使用通道命令抠图

素材位置：素材 / 毛衣 .jpg

视频位置：视频 /2.3.2 使用通道命令抠图 .avi

源文件位置：源文件 /2.3.2 使用通道命令抠图 .psd

本节主要讲解利用【通道】抠取背景较复杂且颜色对比明显的商品图像的操作方法。【通道】功能十分强大，通过【通道】将选区存储为灰度图像，再使用其他工具编辑通道，绘制出精确的选区，最终效果如图 2-3-7 所示。

图 2-3-7

步骤 1 按 Ctrl+O 组合键执行打开文件命令，打开“毛衣 .jpg”文件，如图 2-3-8 所示。

图 2-3-8

步骤 2 在【通道】面板中选中【蓝】通道，将其拖至面板底部的【创建新通道】按钮上，此时生成【蓝 副本】通道，如图 2-3-9 所示。

图 2-3-9

步骤 3 选中【蓝 副本】通道，按 Ctrl+L 组合键执行打开【色阶】命令，弹出【色阶】对话框，将参数改为（90，1.72，174），如图 2-3-10 所示。

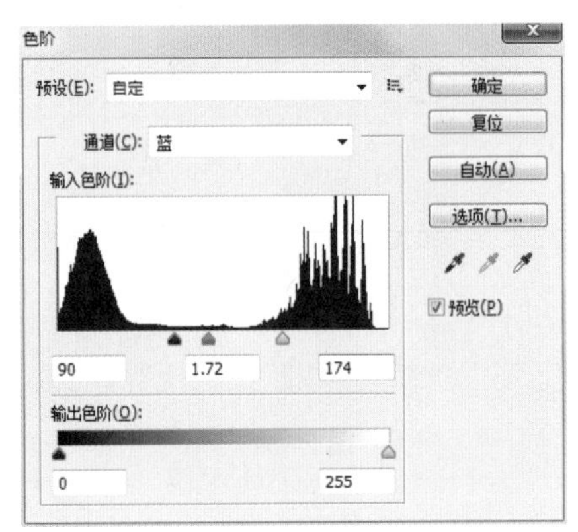

图 2-3-10

步骤 4　选择工具箱中的【画笔工具】，在选项栏中调整合适的画笔【大小】和【硬度】。同时将前景色更改为白色，将毛衣以外的区域涂抹为白色，如图 2-3-11 所示。

图 2-3-11

步骤 5　按住 Ctrl 键的同时单击【蓝 副本】通道缩览图，将图形载入选区，如图 2-3-12 所示。

图 2-3-12

步骤 6　选中【RGB】通道，按 Ctrl+Shift+I 组合键执行反向选取选区命令，反选选区以选中毛衣区域，如图 2-3-13 所示。

图 2-3-13

步骤 7 单击【图层】面板，按 Ctrl+J 组合键执行图层拷贝新建命令，此时生成【图层 1】图层，如图 2-3-14 所示。

图 2-3-14

步骤 8 单击【背景】图层前的【指示图层可见性】图标，隐藏该图层，即可完成毛衣的抠图操作，最终效果如图 2-3-15 所示。

图 2-3-15

2.4 毛发类商品的抠图技巧

2.4.1 使用调整边缘命令抠图

素材位置：素材 / 公仔 .jpg

视频位置：视频 /2.4.1 使用调整边缘命令抠图 .avi

源文件位置：源文件 /2.4.1 使用调整边缘命令抠图 .psd

本节主要讲解利用【调整边缘】命令抠取毛发类等细节较多的商品图像的操作方法。在抠图过程中，通常先使用其他的抠图工具绘制一个大致的选区，再使用【调整边缘】命令调整选区的边缘进行细化，最终效果如图 2–4–1 所示。

图 2–4–1

步骤 1 按 Ctrl+O 组合键执行打开文件命令，打开“公仔 .jpg”文件，如图 2–4–2 所示。

图 2–4–2

图 2–4–3

步骤 2 选择工具箱中的【魔棒工具】，在选项栏中将【容差】改为 30，单击图像中的白色背景，按 Ctrl+Shift+I 组合键执行反向选取选区命令，反选选区以选中公仔区域，如图 2–4–3 所示。

步骤 3 单击选项栏中的【调整边缘】，打开【调整边缘】对话框，将【视图】改为黑底，如图 2-4-4 所示。

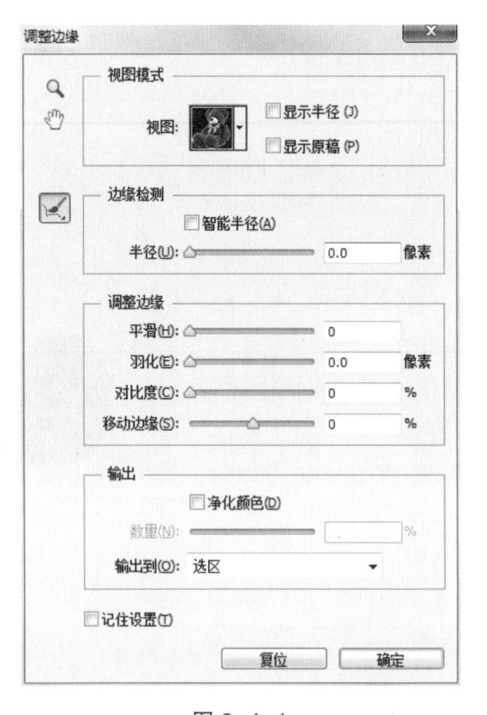

图 2-4-4

步骤 4 在选项栏中将【大小】调整至合适的数值，沿公仔边缘涂抹，如图 2-4-5 所示。

图 2-4-5

图 2-4-6

步骤 5 涂抹完成后，单击【确定】按钮，将图形载入选区。按 Ctrl+J 组合键执行图层拷贝新建命令，此时生成【图层 1】图层，如图 2-4-6 所示。

步骤 6 单击【背景】图层前的【指示图层可见性】图标👁，隐藏该图层，即可完成公仔的抠图操作，最终效果如图 2-4-7 所示。

图 2-4-7

2.4.2　使用渐变映射命令抠图

素材位置：素材 / 模特 .jpg

视频位置：视频 /2.4.2 使用渐变映射命令抠图 .avi

源文件位置：源文件 /2.4.2 使用渐变映射命令抠图 .psd

本节主要讲解利用【渐变映射】命令抠取毛发类商品的操作方法。【渐变映射】命令可以将图像转换为灰度，再用设定的渐变色替换图像中的各级灰度。该方法通常与【通道】相结合使用，适用于抠取毛发类的商品图像，最终效果如图 2-4-8 所示。

图 2-4-8

步骤 1　按 Ctrl+O 组合键执行打开文件命令，打开“模特 .jpg”文件，如图 2-4-9 所示。

图 2-4-9

步骤 2 单击【图层】面板底部的【创建新的填充或调整图层】按钮，在弹出的菜单中选择【渐变映射】命令，将【渐变】更改为红色到黑色，单击【确定】按钮，如图 2–4–10 所示。

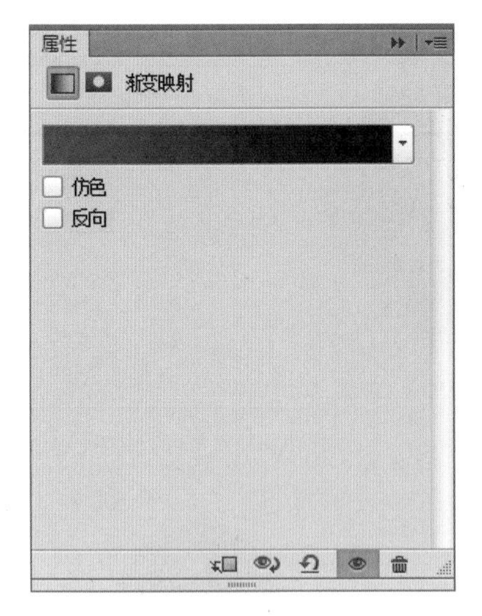

图 2–4–10

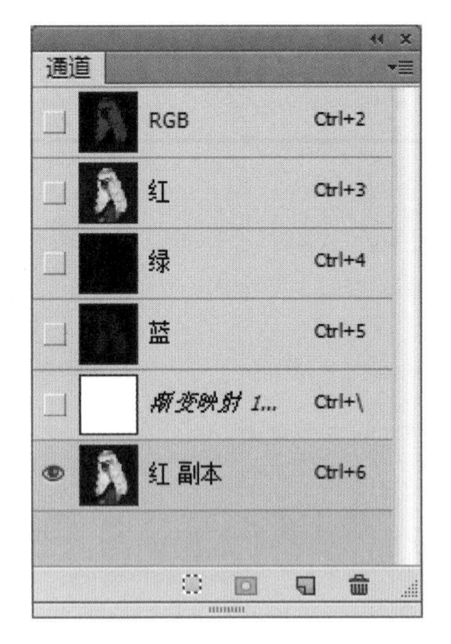

图 2–4–11

步骤 3 在【通道】面板中选中【红】通道，将其拖动至面板下方的【创建新通道】按钮上，此时生成【红 副本】通道，如图 2–4–11 所示。

步骤 4 选中【红 副本】通道，按 Ctrl+L 组合键执行打开【色阶】命令，将参数改为（47，1.78，126），如图 2–4–12 所示。

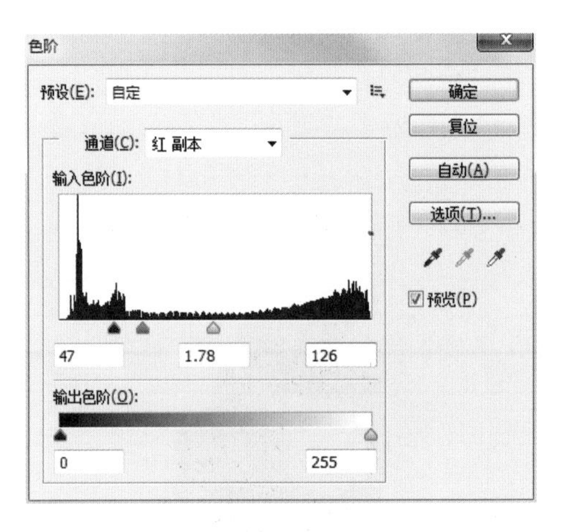

图 2–4–12

步骤 5 选择工具箱中的【画笔工具】，在选项栏中调整合适的画笔【大小】和【硬度】，并将前景色改为白色，在模特区域涂抹，如图 2–4–13 所示。

图 2-4-13

图 2-4-14

步骤 6　在通道面板中，按住 Ctrl 键的同时单击【红 副本】通道缩览图，将图形载入选区，如图 2-4-14 所示。

步骤 7　在【图层】面板中，删除【渐变映射 1】图层。选中【背景】图层，按 Ctrl+J 组合键执行图层拷贝新建命令，此时生成【图层 1】图层，单击【背景】图层前的【指示图层可见性】图标，隐藏该图层，即可完成模特的抠图操作，最终效果如图 2-4-15 所示。

图 2-4-15

第3章 商品颜色与色调调整

网店通过图片来展示所卖商品的外形和细节，一张好的商品图片除了能够还原商品原本的面貌之外，还能牢牢锁住消费者的目光，使消费者对你的商品甚至网店产生好感。本章主要学习如何通过后期处理，来解决商品在拍摄过程中受光线、技术、拍摄设备等因素影响而出现的颜色、色调、光影方面不足的问题。

学习目标

1. 掌握调色的常用命令；
2. 掌握校正商品光影的技巧；
3. 掌握校正偏色商品的技巧；
4. 掌握失真商品图片的优化技巧。

3.1 调色的常用命令

3.1.1 调整亮度/对比度

【亮度/对比度】命令可以快速地对图像的亮度和对比度进行直接调整。与【色阶】和【曲线】命令不同的是，【亮度/对比度】命令不考虑图像中各通道的颜色，而是对图像进行整体调整，如图3-1-1所示。

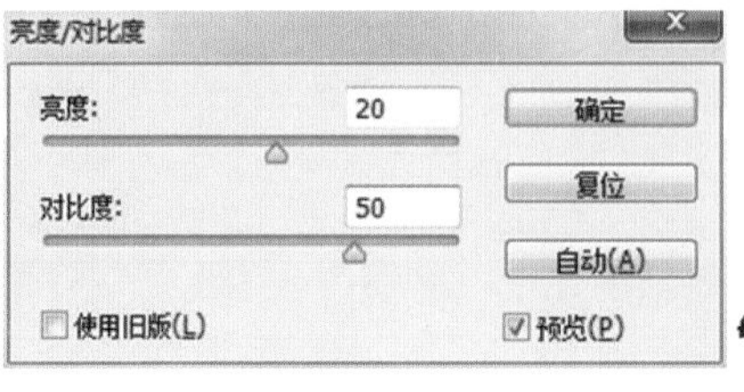

图 3-1-1

3.1.2　调整色阶

【色阶】命令就是通过直方图显示整张图片的明暗信息。利用【色阶】命令可以调整图像的暗调区、中间调区和高光区的亮度，常用于调整图片曝光不足或曝光过度的图像，也可用于调整图像的对比度。

当色块像素集中在左侧时，说明此图像整体色调偏暗；当色块像素集中在右侧时，则说明此图像整体色调偏亮，如图 3–1–2 所示。

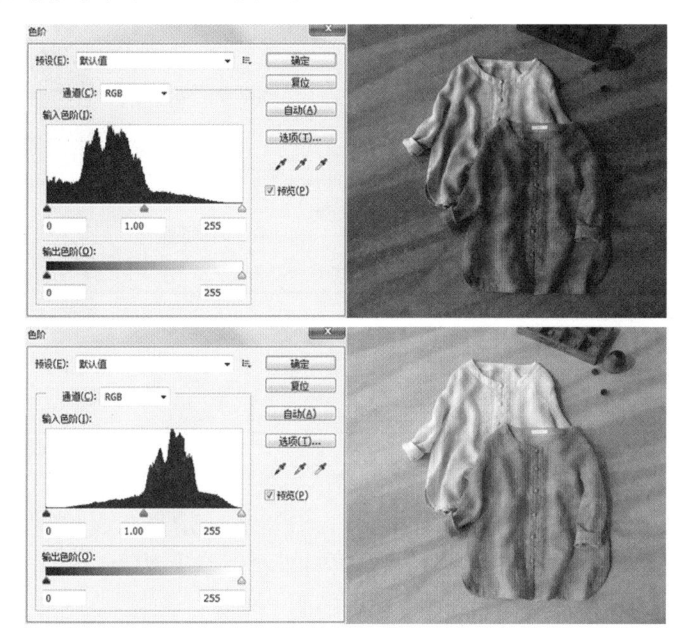

图 3–1–2

3.1.3　调整曲线

【曲线】命令是最常用的色调调整命令之一，它可以综合调整图像的亮度、对比度和色调，让画面色彩更为协调。当曲线调整至上凸曲线时，则图像会变亮；当曲线调整至下凹曲线时，则图像会变暗；当对于色调对比度不够明显的图像时，可以将曲线调整为 S 形，则图像亮处会更亮，暗处会更暗，如图 3–1–3 所示。

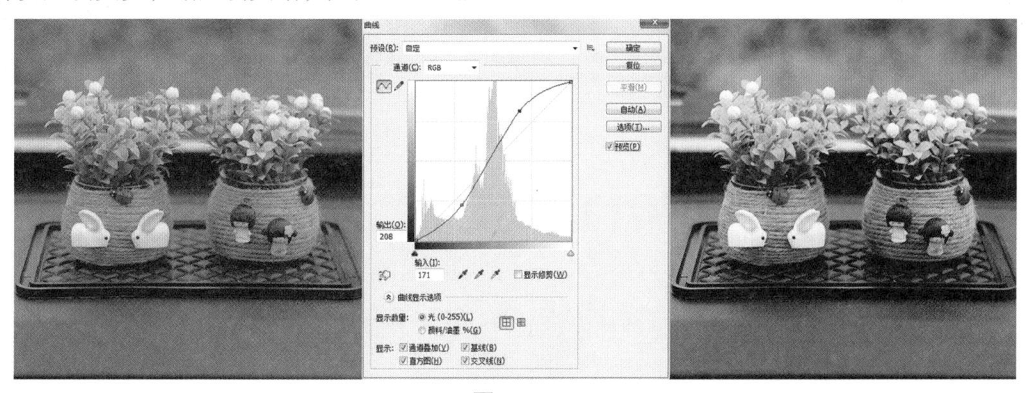

图 3–1–3

3.1.4 调整曝光度

【曝光度】命令常用于调整曝光不足或曝光过度的图像，在【曝光度】命令的对话框中，【曝光度】用于设置图像的曝光度，输入相应的数值可以调整图像的高光，向左降低图像曝光度，向右增加图像曝光度；【位移】用于设置阴影或中间调的亮度，对图像的高光区域影响较小，向左增加暗调，向右增加亮调；【灰度系数校正】用于调整图像的灰度系数，弥补曝光问题，向左减少对比度，向右增加对比度，如图 3–1–4 所示。

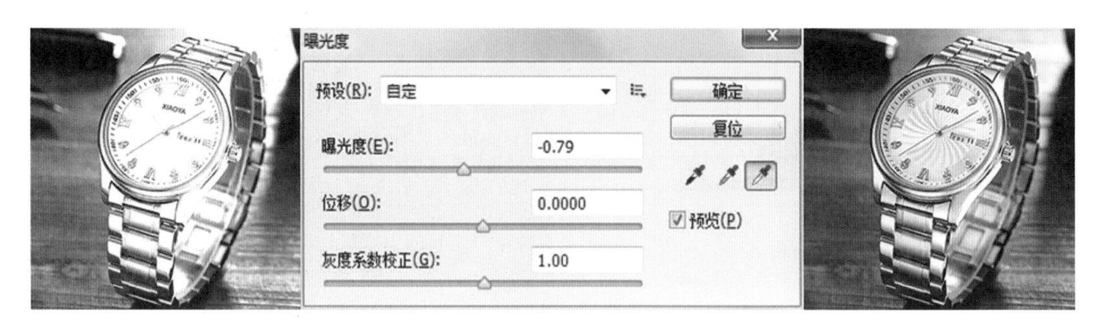

图 3–1–4

3.1.5 调整色相 / 饱和度

【色相 / 饱和度】命令就是对色彩的色相、饱和度、明度三大色彩属性进行调整。【色相】是指色彩的相貌，也就是我们通常所说的各种颜色，用于调整图像的颜色；【饱和度】用于调整色彩的鲜艳度；【明度】则用于调整色彩的明暗程度，如图 3–1–5 所示。

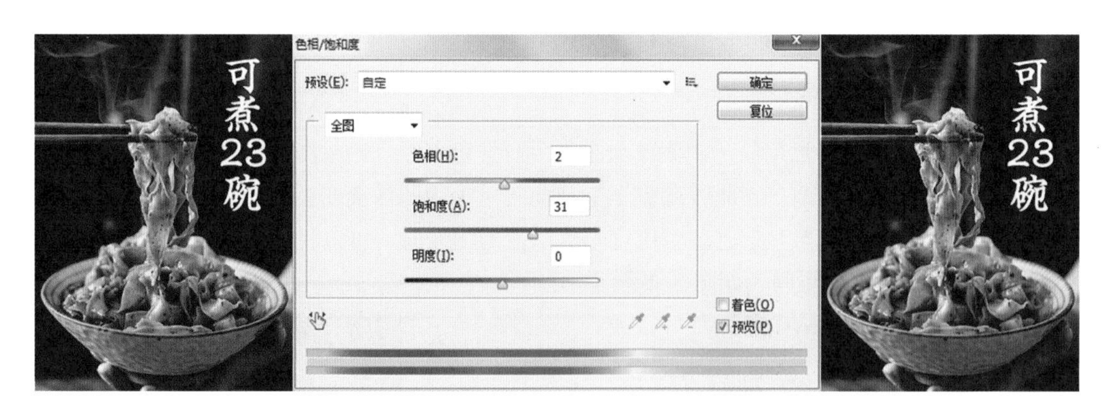

图 3–1–5

3.1.6 调整色彩平衡

【色彩平衡】命令是通过调整各种色彩的色阶，来校正图像中所出现的偏色现象，更改图像的总体颜色混合，如图 3–1–6 所示。

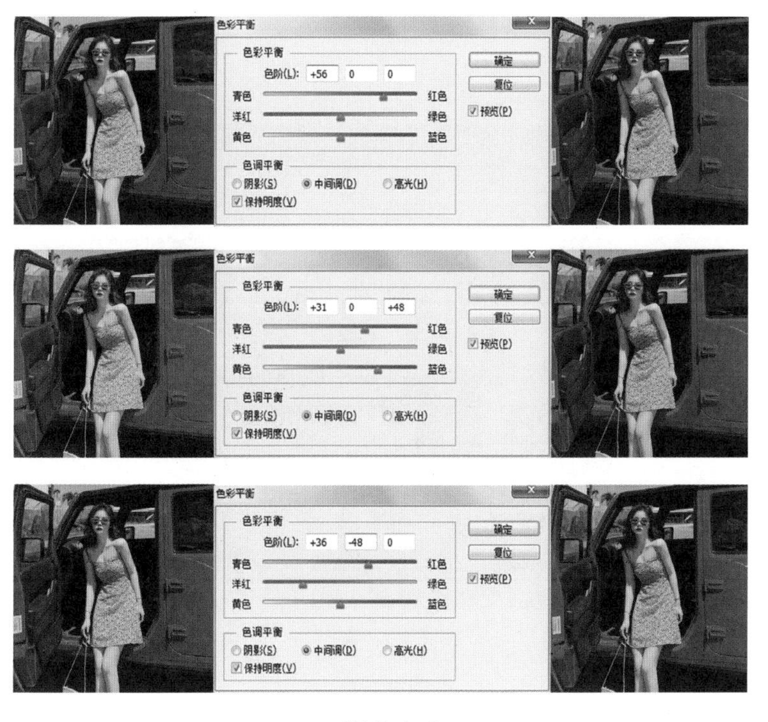

图 3-1-6

3.2 校正商品光影问题的技巧

3.2.1　校正商品曝光不足的技巧

素材位置：素材 / 玩具熊 .jpg

视频位置：视频 /3.2.1 校正商品曝光不足的技巧 .avi

源文件位置：源文件 /3.2.1 校正商品曝光不足的技巧 .psd

曝光不足是商品拍摄过程中常见的问题之一。本案例首先调整图片的整体亮度，然后调整对比度，最后增加商品饱和度，以还原商品图片的实际效果，校正完成后的对比图如图 3-2-1 所示。

图 3-2-1

步骤 1 打开商品素材。按 Ctrl+O 组合键执行打开文件命令，打开“玩具熊 .jpg”文件，如图 3–2–2 所示。

图 3–2–2

步骤 2 校正亮度和对比度，增加图片曝光及光影层次。执行菜单栏中的【图像】—【调整】—【亮度 / 对比度】命令，将【亮度】改为 30，【对比度】改为 30，设置参数如图 3–2–3 所示，效果如图 3–2–4 所示。

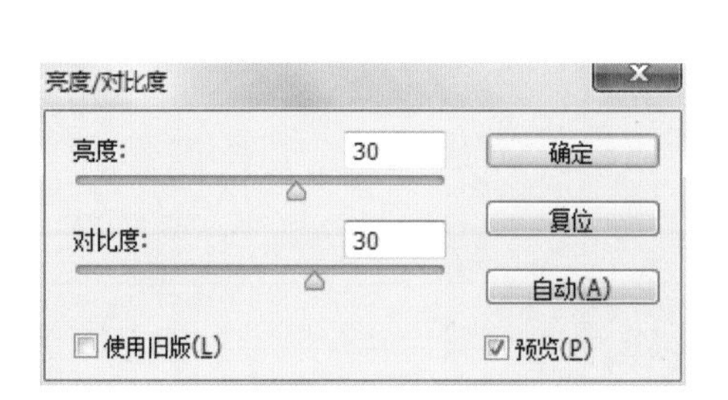

图 3–2–3

图 3–2–4

步骤 3 调整饱和度，使商品颜色鲜艳。按 Ctrl+U 组合键执行打开【色相 / 饱和度】命令，将【饱和度】改为 25，设置参数如图 3–2–5 所示，效果如图 3–2–6 所示。

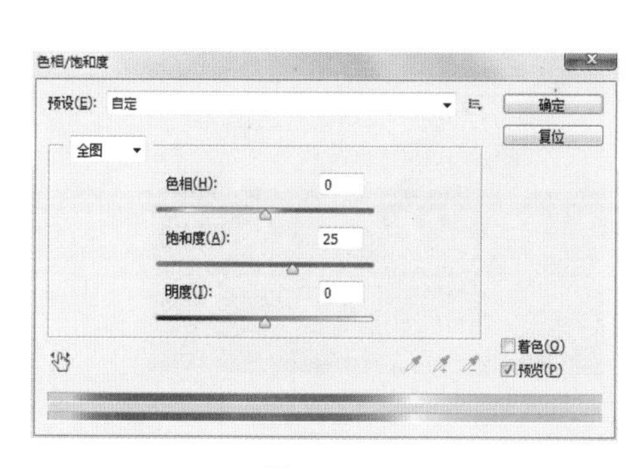

图 3-2-5

图 3-2-6

步骤 4　调整色阶，使商品与背景对比度更强。按 Ctrl+L 组合键执行打开【色阶】命令，将参数改为（20，1，240），设置参数如图 3-2-7 所示，最终效果如图 3-2-8 所示。

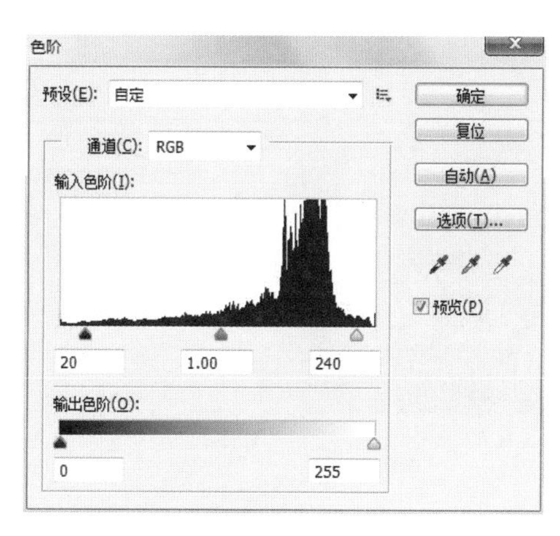

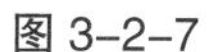
图 3-2-7

图 3-2-8

3.2.2　校正商品曝光过度的技巧

素材位置：素材 / 牛仔裤 .png

视频位置：视频 /3.2.2 校正商品曝光过度的技巧 .avi

源文件位置：源文件 /3.2.2 校正商品曝光过度的技巧 .psd

曝光过度往往是由于拍摄商品时光线过亮引起的，本案例首先使用【曲线】命令降低照片的整体色调亮度，再通过【色阶】命令对图像中不同点的色调进行调整，以还原商品的真实效果，校正完成后的对比图如图 3-2-9 所示。

图 3-2-9

步骤 1 打开商品素材。按 Ctrl+O 组合键执行打开文件命令，打开“牛仔裤 .png”文件，如图 3-2-10 所示。

图 3-2-10

步骤 2 调整曲线，降低照片整体亮度。按 Ctrl+M 组合键执行打开【曲线】命令，设置参数如图 3-2-11 所示，效果如图 3-2-12 所示。

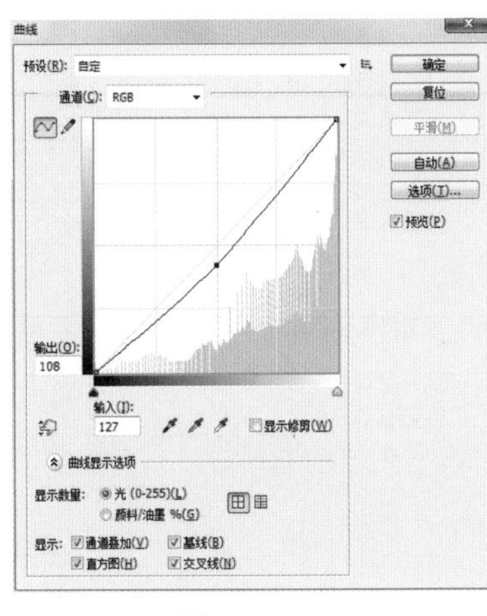

图 3-2-11

图 3-2-12

步骤 3　调整色阶，对多个区域色调进行调整。按 Ctrl+L 组合键执行打开【色阶】命令，将参数改为（30，0.8，255），设置参数如图 3-2-13 所示，最终效果如图 3-2-14 所示。

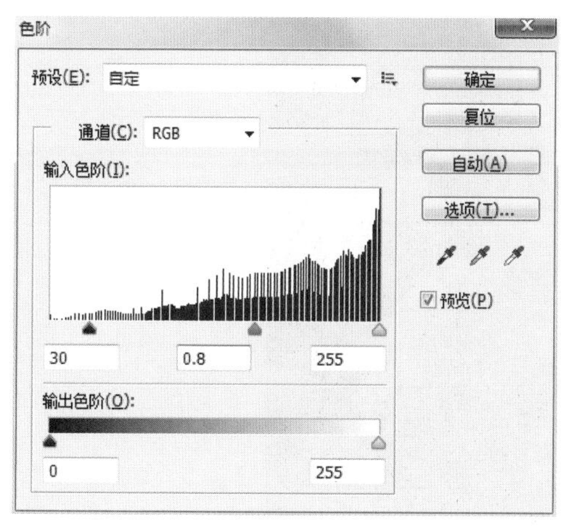

图 3-2-13

图 3-2-14

3.3 校正色差商品的技巧

3.3.1　校正偏色商品的技巧

素材位置：素材 / 床上用品 .png

视频位置：视频 /3.3.1 校正偏色商品的技巧 .avi

源文件位置：源文件 /3.3.1 校正偏色商品的技巧 .psd

偏色是指商品色调整体偏向实物以外的另一种色彩，这样会造成商品图片与实物产生色差，容易造成消费者退货或者给差评等问题。本案例通过【色彩平衡】以及【色彩饱和度】命令来调整图像的整体色调，还原商品真实色彩，校正完成后的对比图如图 3-3-1 所示。

图 3-3-1

步骤 1　打开商品素材。按 Ctrl+O 组合键执行打开文件命令，打开“床上用品 .png”文件，如图 3–3–2 所示。

图 3–3–2

步骤 2　加减色彩平衡值，调整整体色调。执行菜单栏中的【图像】—【调整】—【色彩平衡】命令，将【青色】改为 –22，【洋红】改为 +49，设置参数如图 3–3–3 所示，效果如图 3–3–4 所示。

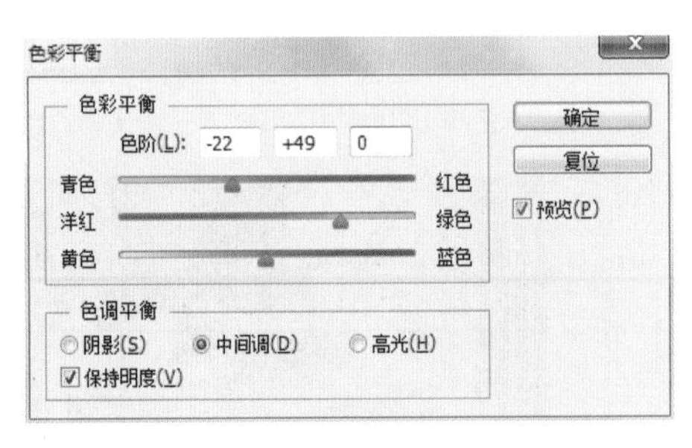

图 3–3–3

图 3–3–4

步骤 3　调整饱和度，使商品颜色鲜艳。按 Ctrl+U 组合键执行打开【色相 / 饱和度】命令，将【饱和度】改为 +15，设置参数如图 3–3–5 所示，效果如图 3–3–6 所示。

图 3–3–5

图 3–3–6

步骤 4　调整主体色，使商品颜色更真实。执行菜单栏中的【图像】—【调整】—【可选颜色】命令，将【颜色】改为红色，【黑色】改为 +11%，设置参数如图 3–3–7 所示，最终效果如图 3–3–8 所示。

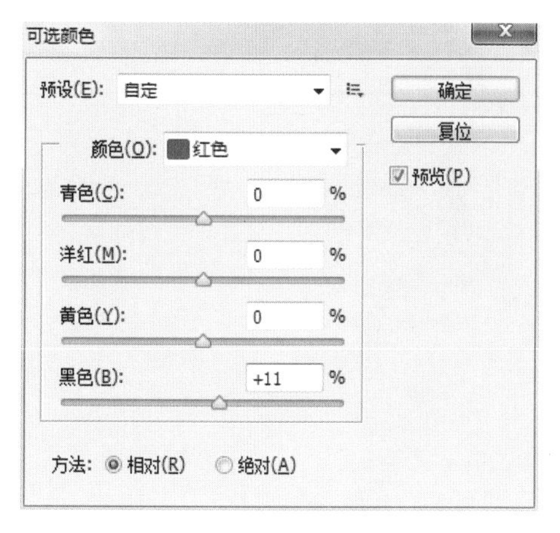

图 3–3–7

图 3–3–8

3.3.2　修复色彩暗淡商品的技巧

素材位置：素材 / 美妆蛋 .jpg

视频位置：视频 /3.3.2 修复色彩暗淡商品的技巧 .avi

源文件位置：源文件 /3.3.2 修复色彩暗淡商品的技巧 .psd

商品在拍摄时受到光源或者相机本身的影响，导致商品颜色暗淡、失真，这样的商品图片不容易吸引消费者的注意。本案例通过对【自然饱和度】以及【亮度 / 对比度】命令的调整，将商品照片还原成最初的鲜亮效果，校正完成后的对比图如图 3–3–9 所示。

图 3-3-9

步骤 1 打开商品素材。按 Ctrl+O 组合键执行打开文件命令，打开“美妆蛋.jpg”文件，如图 3-3-10 所示。

图 3-3-10

步骤 2 调整整体色彩的鲜亮度。执行菜单栏中的【图像】—【调整】—【自然饱和度】命令，将【自然饱和度】改为 30,【饱和度】改为 40，设置参数如图 3-3-11 所示，效果如图 3-3-12 所示。

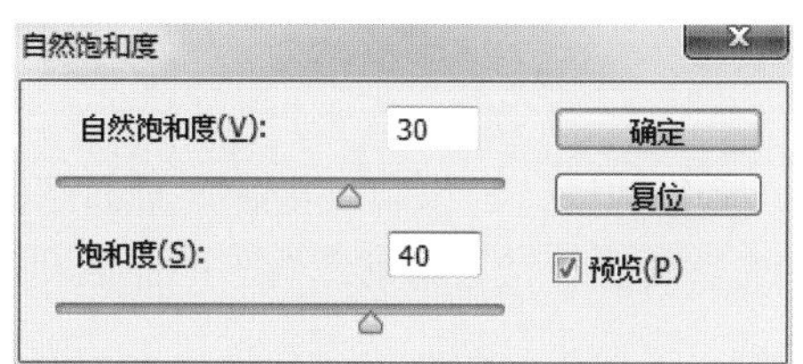

图 3-3-11

图 3-3-12

步骤 3　调整亮度 / 对比度，增加图片光影层次。执行菜单栏中的【图像】—【调整】—【亮度 / 对比度】命令，将【亮度】改为 5，【对比度】改为 30，设置参数如图 3-3-13 所示，最终效果如图 3-3-14 所示。

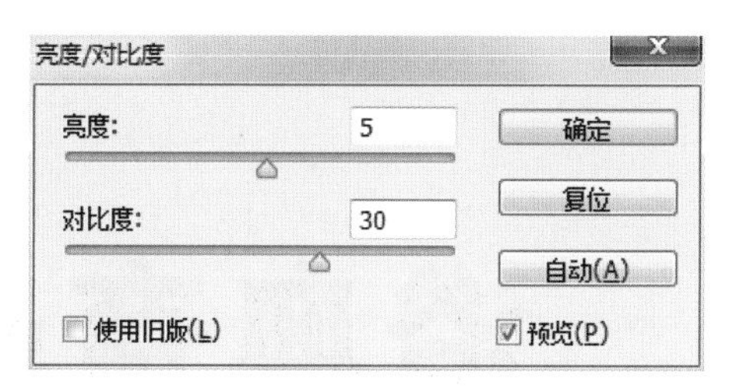

图 3-3-13

图 3-3-14

第 4 章 文案排版与布局

文字在网店装修中有着举足轻重的作用，文案的设计与排版直接影响着商品的信息传达。本章主要讲解网店广告字体的选择、排版及制作，让读者能够了解不同商品和店铺风格应如何选择字体，并重点讲解文案的布局技巧和文字变形技巧。读者通过对本章的学习，可提升文案编排的设计技巧，并掌握广告字体的制作方法。

学习目标

1. 掌握字体的选择与设计技巧；
2. 掌握文案布局技巧；
3. 掌握文字变形技巧。

4.1 字体的选择与设计技巧

4.1.1 不同字体的特征

1. 不同字体笔画粗细的特征

字体笔画的粗细程度会传达出不同的感觉。一般来说，粗笔画字体随着笔画的加粗，字体的空间随之减少，因此在排版上会形成较高密度的文本块，进而产生一种压迫感，形成视觉重心，起到强调的作用。粗体字常用于标题和标语，占据显眼的位置，产生强调的作用。粗笔画字体给人感觉沉稳、有力、强势，而细笔画字体，由于笔画纤细、单薄、轻巧，会给人带来柔美、秀气的感觉，如图 4-1-1 所示。

浴血奋战

慷慨激昂

孤军奋战

图 4-1-1

2. 字体笔画曲直的不同特征

字体笔画的曲直走向赋予了字体不同的力量和弹性。直线赋予字体的是一种阳刚的气质，笔直的线条给人的感觉是干脆、直接、果断，但同时也有着呆板、严肃的意味。而曲线却有着灵动、轻松的气质，弯曲的线条给人带来更多的是温婉、轻柔、飘逸的感觉，如图 4–1–2 所示。

严肃认真
轻松快乐
飘逸飞舞

图 4–1–2

3. **不同书写工具所写字体的特征**

书写工具同样给字体赋予不同的观感。例如用毛笔书写的文字有古风、中国风的风格；用蜡笔书写的字体有可爱、俏皮的感觉；用钢笔书写出来的字体有着认真、略显严肃的感觉；而印刷出来的文字则有着官方和略为呆板的感觉，如图 4–1–3 所示。

毛笔古风
蜡笔可爱
钢笔书法

图 4–1–3

4.1.2　字体与商品风格的搭配技巧

1. **男性相关商品的字体选择**

一般的男性相关商品如男装、户外商品、男鞋等，都需要体现出男性粗犷、阳刚的特质。因此在字体的选择上，会选择一些具有力量、健康、稳重、大气等富有男性气质的字体，比如义启粗黑体、蒙纳超刚黑、微软雅黑等，如图 4–1–4 与图 4–1–5 所示。

图 4-1-4

图 4-1-5

2. **女性相关商品的字体选择**

一般的女性相关商品如女装、饰品、护肤品、内衣等，都需要体现出女性柔美、细腻的气质特点。因此在选择字体时，要选择一些具有纤细、修长、秀气等特点的字体，比如方正悦黑纤细长体、方正细倩体、方正姚体等，如图 4-1-6 与图 4-1-7 所示。

图 4-1-6

图 4–1–7

3. **儿童相关商品的字体选择**

一般的儿童相关商品如童装、儿童玩具等，需要体现出可爱、俏皮的商品特点，因此在字体的选择上，会使用一些比较活泼、灵动一点的字体，比如小考拉体、粉笔字体、汉仪小麦字体、百变马丁字体等，如图 4–1–8 与图 4–1–9 所示。

图 4–1–8

图 4–1–9

4. **国际品牌的字体选择**

一些国际大牌，他们使用的字体需要体现出高端、大气的感觉，因此在字体的选择上偏向一些简单、利落的字体，比如细宋体、细黑体、华文中宋体等，如图 4-1-10 与图 4-1-11 所示。

图 4-1-10

图 4-1-11

5. **古典风格商品的字体选择**

一般古风和中国风的商品，或者是中国传统佳节如春节、元宵节、清明节、端午节等的促销海报，会使用到一些书法字体，体现商品或节日的意境和气氛。主要有方正隶变简体、方正瘦金书简体、叶友根毛笔字体等，设计的时候可以结合毛笔笔触来设计，会使字体的设计感更强，如图 4-1-12 与图 4-1-13 所示。

图 4-1-12

图 4-1-13

4.2 文案布局技巧

4.2.1 常见的文案布局技巧

1. 规则文案排版

在 Photoshop 中规则文案排版一般分为三种对齐方式：左对齐、居中对齐、右对齐。

（1）左对齐。

左对齐是文案排版中最常见的对齐方式，一般被认为是最符合顾客观看习惯、视觉体验最舒服的对齐方式，这种对齐方式比较容易让读者分辨出海报信息中的主次关系，如图 4-2-1 所示。

图 4-2-1

（2）居中对齐。

居中对齐是使段落文字沿水平方向朝中间集中对齐的一种对齐方式，能使整个段落整齐地在页面中间显示，如图 4-2-2 所示。

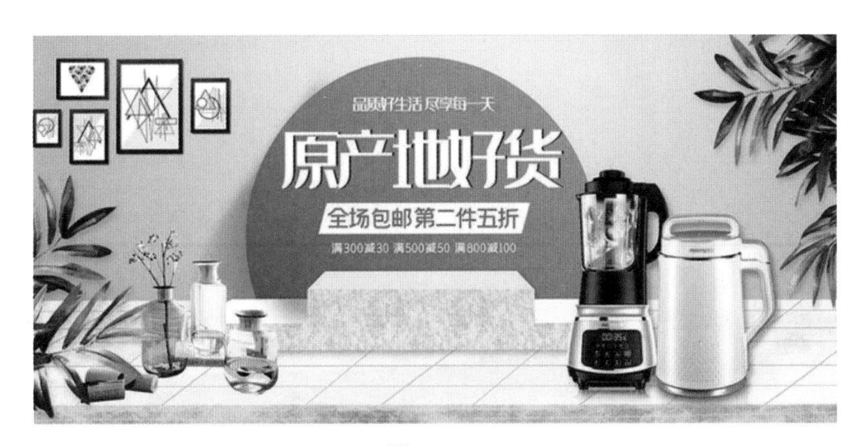

图 4–2–2

（3）右对齐。

右对齐的文案排版方式使用频率相对较少，建议在综合考虑画面整体设计排版的情况下使用，如图 4–2–3 所示。

图 4–2–3

尽量避免在同一张海报中使用过多的对齐方式，杂乱的对齐方式会让整个海报缺乏可看性，让顾客抓不住海报的重点内容。

2. 不规则文案排版

为了突出图片主体的某些特性，文案排版中经常使用不规则的排版方式，让顾客更容易捕捉产品卖点，从而激起顾客的购买欲望。以下是网店中常见的不规则文案排版方式。

（1）散点式文案排版。

散点式文案排版可以使整幅版面富有情趣和活力，常用于商品属性介绍或者卖点页面设计中，如图 4–2–4 所示。

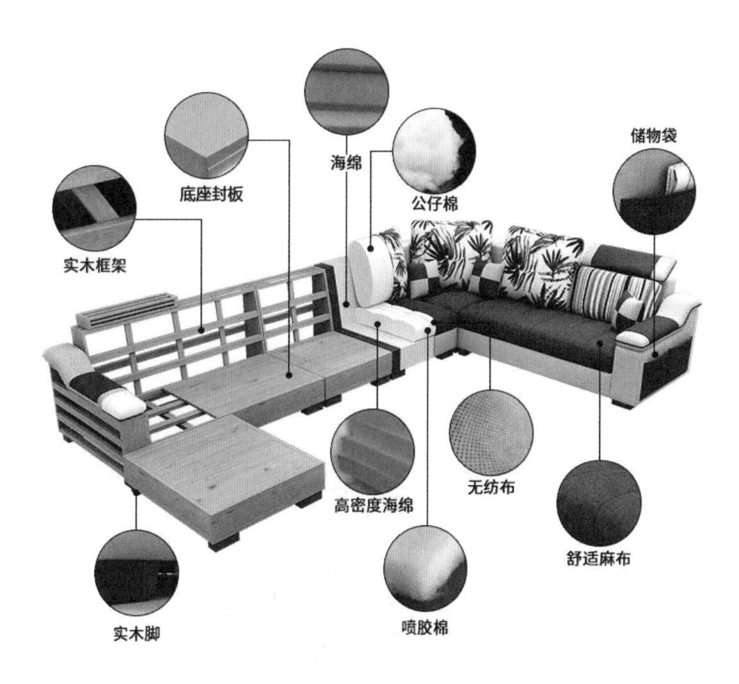

图 4–2–4

（2）不规则文案排版。

不规则文案排版方式自由、随性，画面充满设计感，常用于网店海报设计或者详情页设计，如图 4–2–5 所示。

图 4–2–5

（3）路径文字排版。

路径文字排版使得画面充满趣味性，也更容易引起消费者注意，常见于与儿童或者形体相关的商品广告或详情页设计，如图 4–2–6 所示。

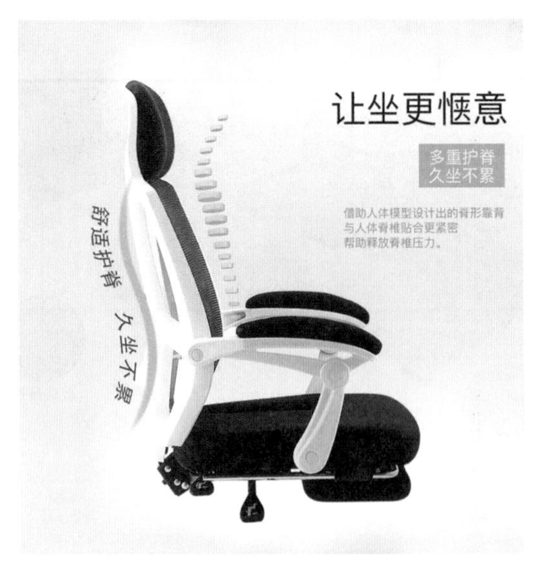

图 4–2–6

4.2.2　规则文案排版

素材位置：素材 / 背景 .jpg

视频位置：视频 /4.2.2 规则文案排版 .avi

源文件位置：源文件 /4.2.2 规则文案排版 .psd

本案例讲解家电海报中规则文案的排版制作方法，以蓝色为主色调，配以醒目的白色文字，在海报左侧使用居中对齐方式进行规则文案排版，在海报右侧使用直排文字。本案例体现家电海报设计中所采用的规则文案排版方式，营造出整洁、大气的视觉效果，最终效果如图 4–2–7 所示。

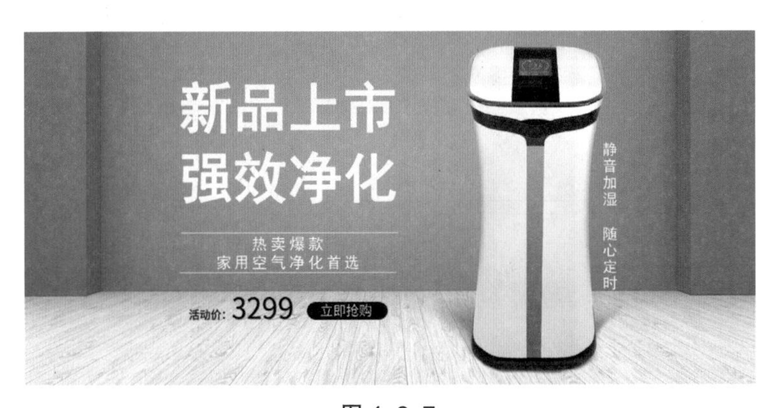

图 4–2–7

步骤 1　按 Ctrl+O 组合键执行打开文件命令，打开“背景 .jpg”文件，如图 4-2-8 所示。

图 4-2-8

步骤 2　选择工具箱中的【横排文字工具】T，在字符面板中将【字体】改为黑体，【字体大小】改为 140 点，【颜色】改为白色，设置为仿粗体，在合适的位置添加文字“新品上市强效净化”，如图 4-2-9 所示。

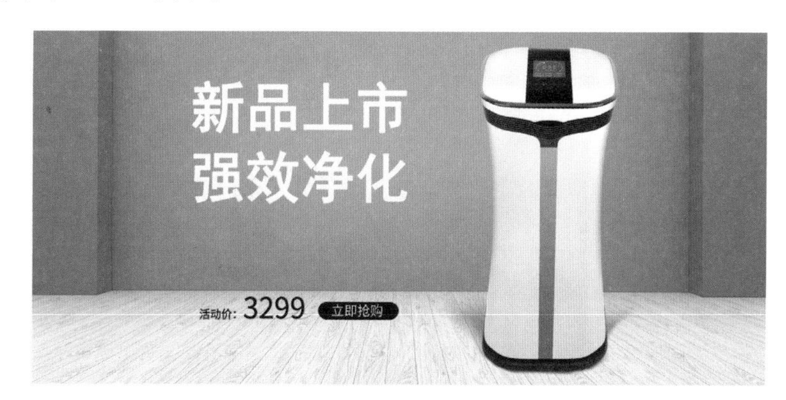

图 4-2-9

步骤 3　选择工具箱中的【直线工具】，在选项栏中将【填充】改为白色，【描边】改为无，【粗细】改为 1 像素，在合适的位置绘制两条平行直线，如图 4-2-10 所示。

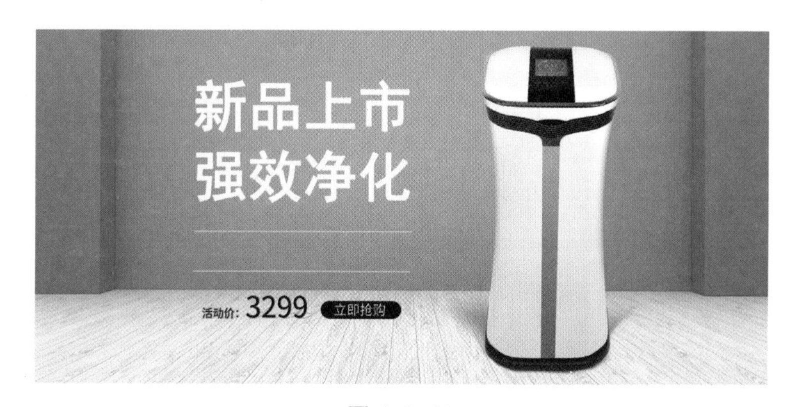

图 4-2-10

步骤 4 选择工具箱中的【横排文字工具】T，在字符面板中将【字体】改为黑体，【字体大小】改为 40 点，【字距】改为 200，【颜色】改为白色，【文本对齐方式】改为居中对齐文本，在合适位置添加文字“热卖爆款 家用空气净化首选”，如图 4-2-11 所示。

图 4-2-11

步骤 5 选择工具箱中的【直排文字工具】IT，在字符面板中将【字体】改为黑体，【字体大小】改为 38 点，【颜色】改为白色，在合适的位置添加文字“静音加湿 随心定时”，最终效果如图 4-2-12 所示。

图 4-2-12

4.2.3 不规则文案排版

素材位置：素材 / 背景 .jpg、汉仪蝶语简体 .ttf

视频位置：视频 /4.2.3 不规则文案排版 .avi

源文件位置：源文件 /4.2.3 不规则文案排版 .psd

本案例讲解儿童手表海报中不规则文案的排版制作，以蓝色为主色调，配以醒目的白色文字，在文字排版中包含封闭路径文字、开放路径文字排版，利用活泼、灵动的文案排版方式，体现儿童产品可爱、童趣的特点，最终效果如图 4-2-13 所示。

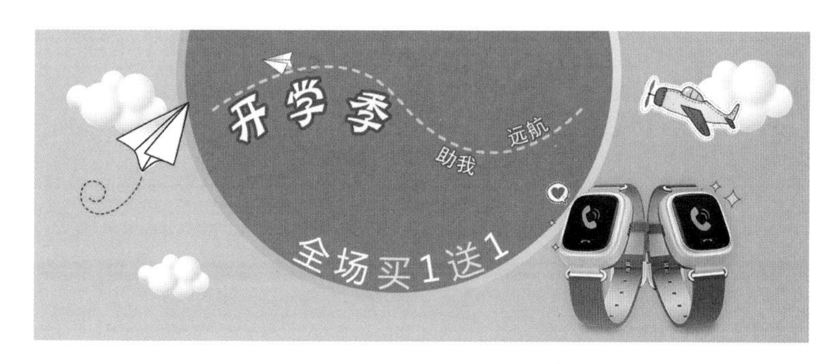

图 4-2-13

步骤 1 按 Ctrl+O 组合键执行打开文件命令，打开“背景 .jpg”文件，如图 4-2-14 所示。

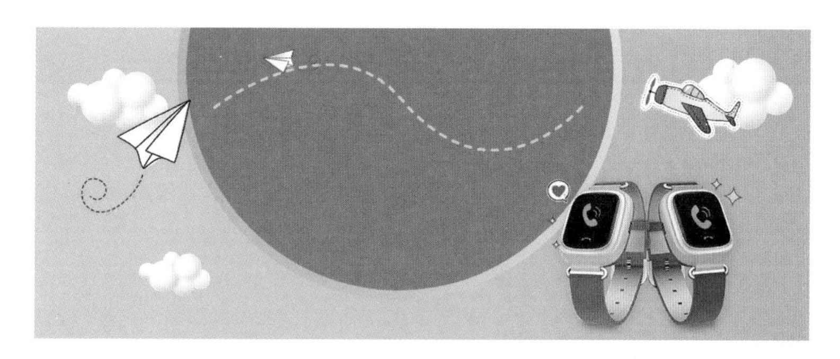

图 4-2-14

步骤 2 选择工具箱中的【椭圆工具】，在选项栏中将【工具模式】改为路径，在合适的位置绘制一个圆形封闭路径，如图 4-2-15 所示。

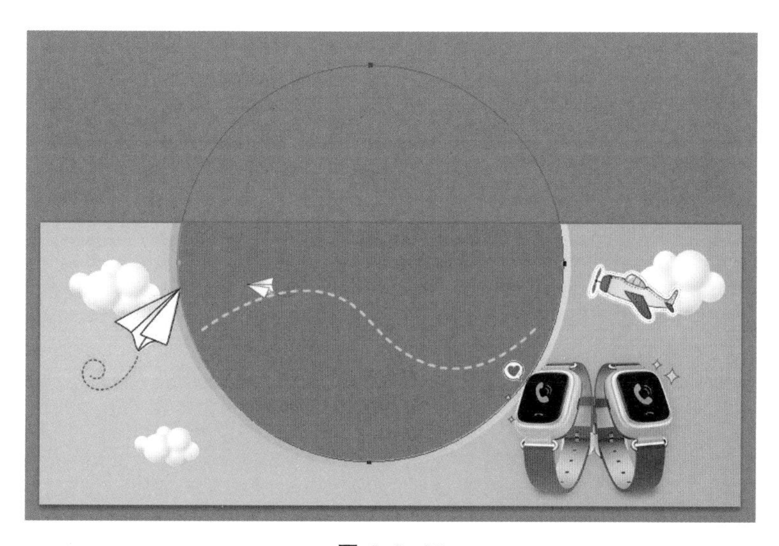

图 4-2-15

步骤 3 选择工具箱中的【横排文字工具】T，在选项栏中将【字体】改为微软雅黑，【大小】改为 50 点，【颜色】改为白色，将光标放在路径上，单击文字插入点，沿着路径输入文字“全场买 1 送 1”，在文字编辑状态下，将鼠标移动至路径文字附近并按住 Ctrl 键，这时光标会变成一个单面箭头，按住鼠标的同时往路径的内侧拖动，即可改变文字的位置。最后将“买”字和“送”字颜色改为黄色（R:254，G:253，B:76），如图 4-2-16 所示。

图 4-2-16

步骤 4 选择工具箱中的【钢笔工具】，在选项栏中将【工具模式】改为路径，在合适的位置绘制一个弧形开放路径，如图 4-2-17 所示。

图 4-2-17

步骤 5 选择工具箱中的【横排文字工具】T，在选项栏中将【字体】改为汉仪蝶语简体，【大小】改为 75 点，【颜色】改为白色，将光标放在路径上，单击文字插入点，沿着路径输入文字“开学季”，如图 4-2-18 所示。

图 4-2-18

步骤 6　双击【开学季】图层—【描边】，将【大小】改为 5 像素，【颜色】改为深蓝色（R:13，G:94，B:142），单击确定后如图 4-2-19 所示。

图 4-2-19

步骤 7　选择工具箱中的【钢笔工具】，在选项栏中将【工具模式】改为路径，在合适的位置绘制一个弧形开放路径，如图 4-2-20 所示。

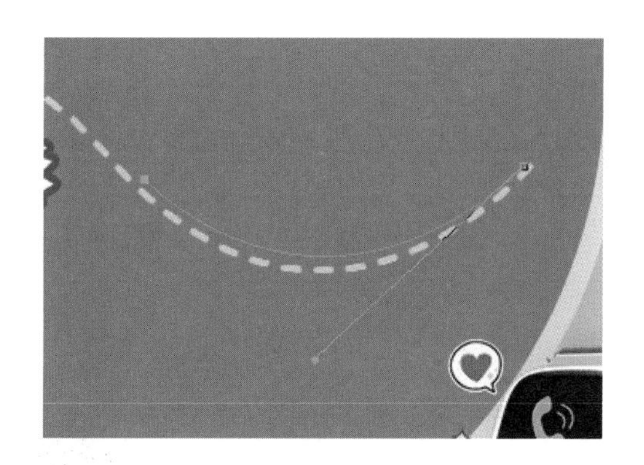

图 4-2-20

步骤 8　选择工具箱中的【横排文字工具】T，在选项栏中将【字体】改为黑体，【大小】改为 30 点，【颜色】改为白色，将光标放在路径上，单击文字插入点，沿着路径输入文字“远航”并适当调整位置，如图 4-2-21 所示。

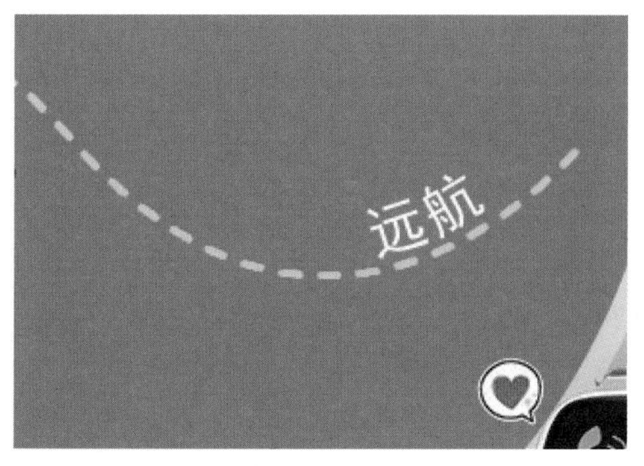

图 4-2-21

步骤 9　双击【远航】图层—【描边】，将【大小】改为 2 像素，【颜色】改为深蓝色（R:13，G:94，B:142），如图 4-2-22 所示。

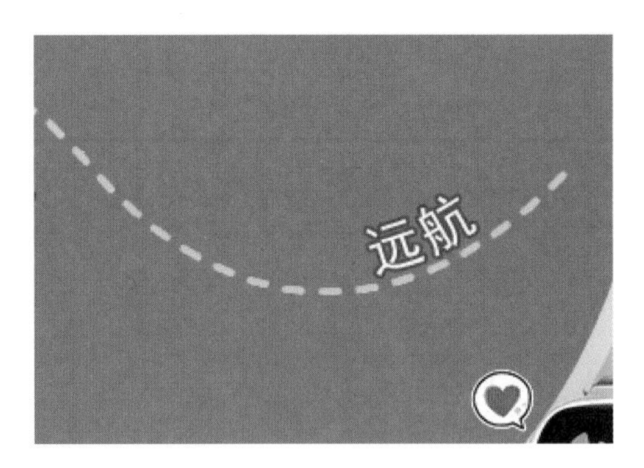

图 4-2-22

步骤 10　用上述同样的方式绘制一个弧形开放路径并添加文字，如图 4-2-23 所示。

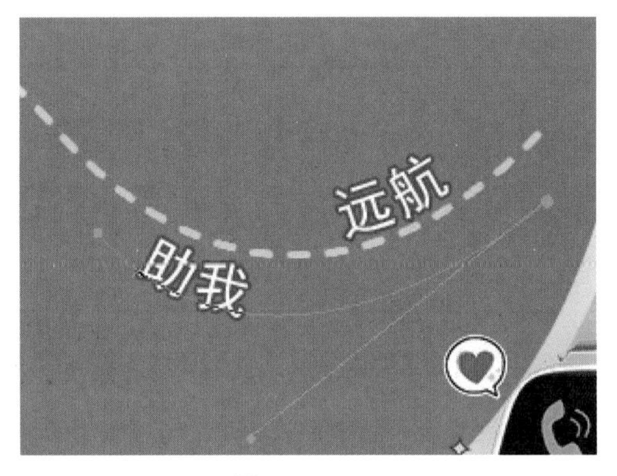

图 4-2-23

4.3 文字变形技巧

4.3.1　创建文字变形命令技巧

素材位置：素材 / 背景 .jpg

视频位置：视频 /4.3.1 创建文字变形命令技巧 .avi

源文件位置：源文件 /4.3.1 创建文字变形命令技巧 .psd

本案例讲解店铺元宵节海报文字的排版制作，以红色调为主色调，配以醒目的金属色文字，精致立体，利用文字变形中的“扇形”变形方式，制作出传统中式风格的海报文字标题，烘托出元宵节的气氛，带给顾客喜庆的感觉，最终效果如图 4-3-1 所示。

图 4-3-1

步骤 1　按 Ctrl+O 组合键执行打开文件命令，打开“背景.jpg”文件，如图 4-3-2 所示。

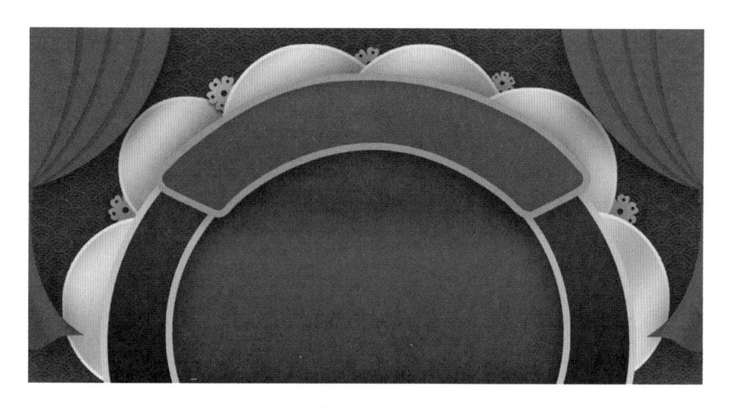

图 4-3-2

步骤 2　选择工具箱中的【横排文字工具】T，在字符面板中设置参数如图 4-3-3 所示。在合适的位置输入文字“欢喜闹元宵”，如图 4-3-4 所示。

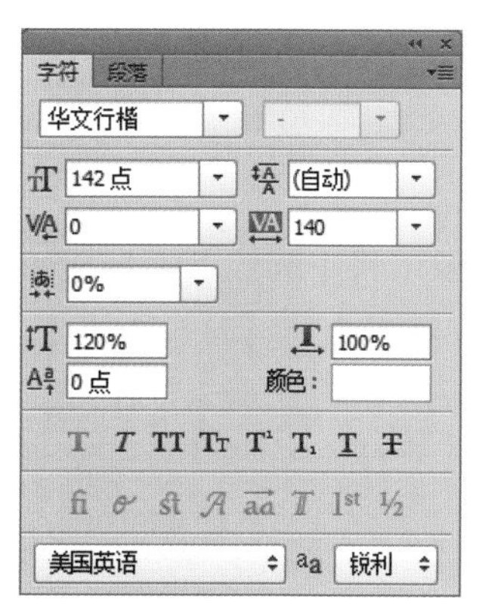

图 4-3-3

图 4-3-4

步骤 3 在选项栏中打开【创建文字变形】面板，将【样式】改为扇形，【弯曲】改为+50%，设置参数如图 4-3-5 所示，单击确定后如图 4-3-6 所示。

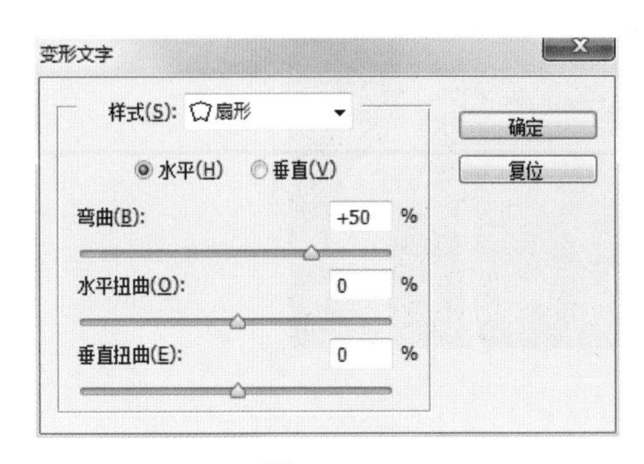

图 4-3-5

图 4-3-6

步骤 4 双击【欢喜闹元宵】图层—【斜面和浮雕】，将【深度】改为 20%，【大小】改为 0 像素，设置参数如图 4-3-7 所示。

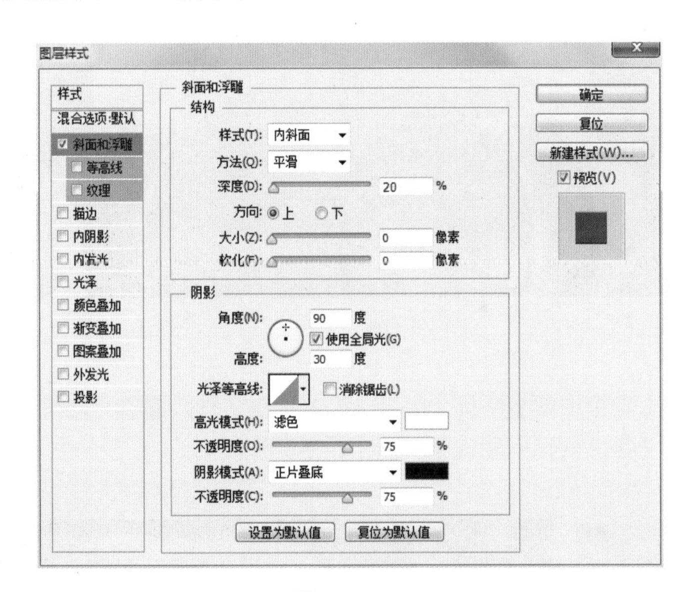

图 4-3-7

步骤 5 选中【渐变叠加】复选框，设置参数如图 4-3-8 所示。将【渐变】改为 5 种颜色的渐变色，从左到右分别为（R:185，G:155，B:103）（R:237，G:207，B:153）（R:212，G:165，B:93）（R:240，G:207，B:153）（R:193，G:162，B:108），如图 4-3-9 所示。

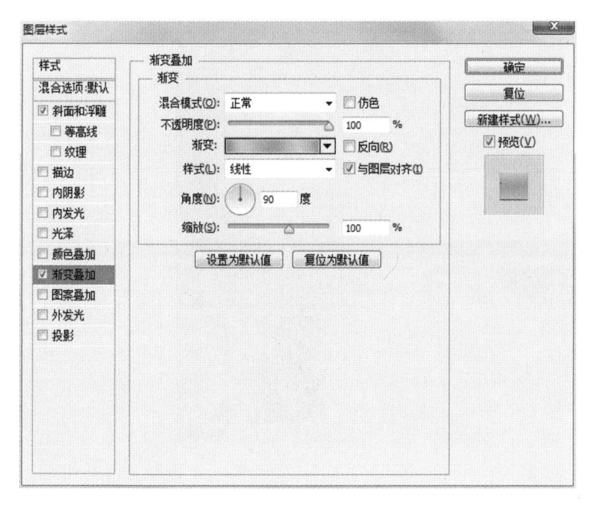

图 4-3-8

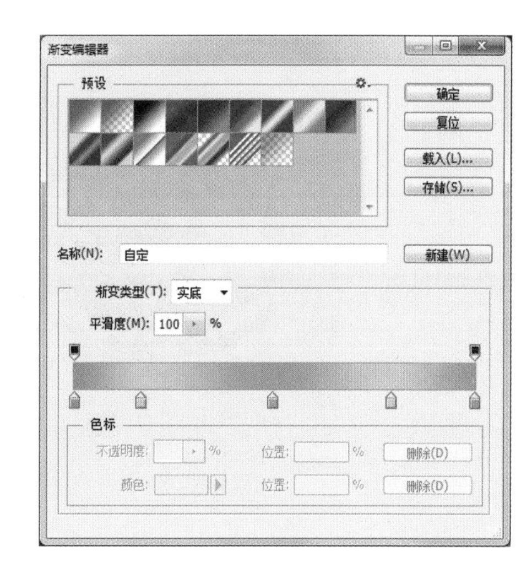

图 4-3-9

步骤 6　选中【投影】复选框，将【角度】改为 90 度，【距离】改为 10 像素，【大小】改为 30 像素，设置参数如图 4-3-10 所示。单击确定后最终效果如图 4-3-11 所示。

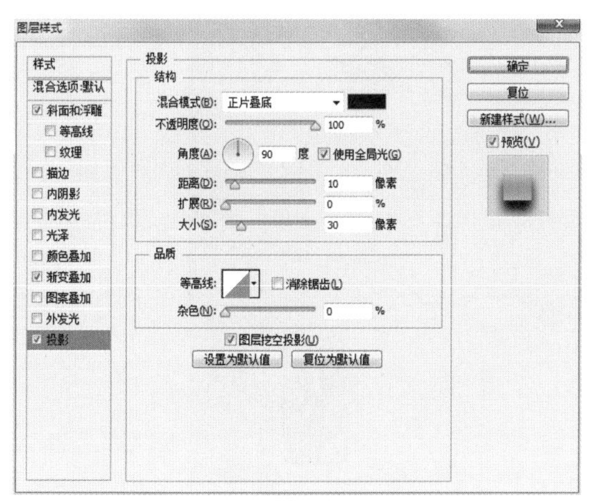

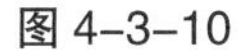

图 4-3-10

图 4-3-11

4.3.2　路径文字变形技巧

素材位置：素材 / 背景 .jpg、方正姚体 .ttf

视频位置：视频 /4.3.2 路径文字变形技巧 .avi

源文件位置：源文件 /4.3.2 路径文字变形技巧 .psd

本案例讲解蛋糕店铺限时秒杀海报文字的排版制作方法，以紫色作为主色调，配以醒目的黄色文字，利用路径文字变形技巧，将海报中的关键文字做路径变形处理，使文字与内涵相呼应，从而产生吸引顾客眼球的效果。最终效果如图 4-3-12 所示。

图 4-3-12

步骤 1 按 Ctrl+O 组合键执行打开文件命令，打开“背景 .jpg”文件，如图 4-3-13 所示。

图 4-3-13

步骤 2 选择工具箱中的【横排文字工具】T，在选项栏中将【字体】改为方正姚体，【大小】改为 380 点，【颜色】改为黄色（R:253，G:239，B:197），在字符面板中将【字距】改为 -280，【水平缩放】改为 120%，设置参数如图 4-3-14 所示。在合适的位置添加文字，如图 4-3-15 所示。

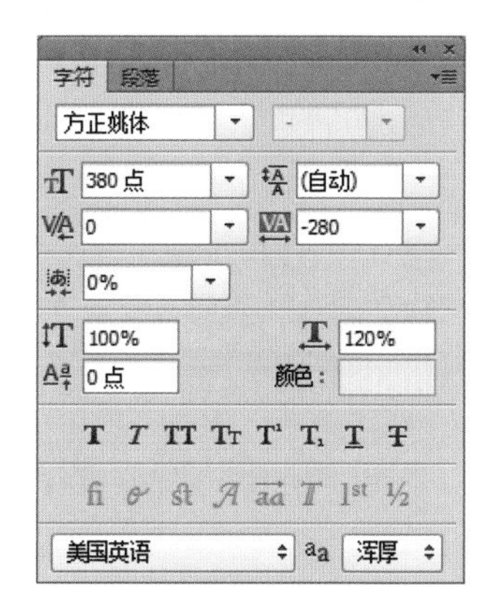

图 4-3-14

图 4-3-15

步骤 3　选中【限时秒杀】图层，单击【鼠标右键】—【转换为形状】，如图 4-3-16 所示。

图 4-3-16

步骤 4　选择工具箱中的【直接选择工具】，选中"时""秒"文字部分结构并按 Delete 键将其删除，如图 4-3-17 所示。

图 4-3-17

步骤 5　选择工具箱中的【椭圆工具】，在选项栏中将【填充】改为无，【描边】改为黄色（R:253，G:239，B:197），【形状描边宽度】改为 15 点，在合适位置绘制一个椭圆形，如图 4-3-18 所示。

图 4-3-18

步骤 6 选择工具箱中的【矩形工具】，在选项栏中将【填充】改为黄色（R:253，G:239，B:197），【描边】改为无，在合适位置绘制四个小矩形作为时钟的 4 个刻度，如图 4-3-19 所示。

图 4-3-19

步骤 7 选择工具箱中的【椭圆工具】，在选项栏中将【填充】改为黄色（R:253，G:239，B:197），【描边】改为无，在合适的位置绘制时钟的中心圆，如图 4-3-20 所示。

图 4-3-20

步骤 8　选择工具箱中的【钢笔工具】，在选项栏中将【工具模式】改为形状，【填充】改为黄色（R:253，G:239，B:197），【描边】改为无，在合适的位置绘制两个三角形以制作时钟的指针，如图 4–3–21 所示。

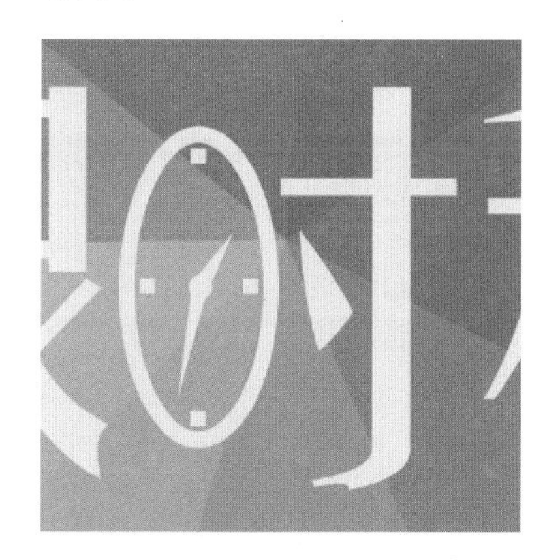

图 4–3–21

步骤 9　选择工具箱中的【直接选择工具】，调整“杀”字第一笔画中左下角的两个锚点，将其延长至“秒”字的右下方，如图 4–3–22 所示。

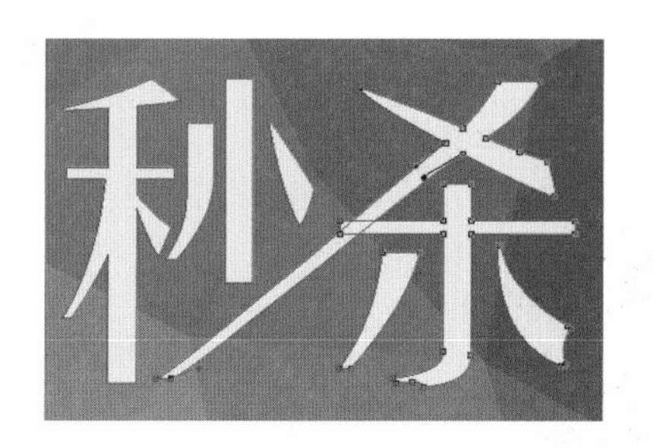

图 4–3–22

步骤 10　选择工具箱中的【直接选择工具】，调整“秒”字第六笔画中下方的两个锚点，如图 4–3–23 所示。

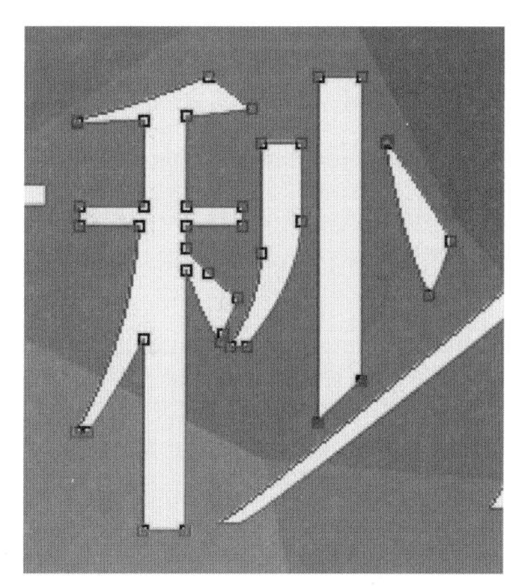

图 4–3–23

步骤 11 选择工具箱中的【直接选择工具】，调整“杀”字第三笔画中左边的两个锚点，将其往右侧缩放，如图 4-3-24 所示。最终效果如图 4-3-25 所示。

图 4-3-24

图 4-3-25

第5章 网店商品主图设计与制作

精美并能突出卖点的商品主图不仅能起到引流作用，更能提高店铺转化率。本章将介绍淘宝、天猫平台的商品主图规范，让读者了解商品主图的一般规范，还将学习五种主图构图方法，并通过案例讲解五种直通车主图的制作方法。

学习目标

1. 了解商品主图的制作规范；
2. 理解并掌握主图的构图方式；
3. 掌握直通车主图的制作方法。

5.1 商品主图的制作规范

商品主图是商品最直接的视觉展示方式。一般而言，消费者的购物习惯为：搜索关键字—设置筛选条件—对比搜索结果，而搜索结果页面占据了最大视觉冲击的当属商品主图，主图以大的篇幅、鲜明的色彩和生动的形象来吸引消费者眼球。

优质的主图可以为商家省下很大一笔推广费用，这也正是不少店铺没有做付费推广就能很好地引流的主要原因，因此，主图的设计至关重要。目前很多商家都将主图设计划入运营策划范围之内，将主图设计列为网店美工的重要项目之一。

5.1.1 商品主图发布的常见规范

商品主图的尺寸一般为800像素 ×800像素以上，主图必须包含清晰的商品实物拍摄图，展示商品全貌，背景为场景化背景或纯色背景。

5.1.2 天猫平台的商品主图规范

除了一般规范之外，天猫主图还要求主图不允许出现拼接、水印，不得包含促销、夸大描述等文字说明。商标所有人可将其拥有的 LOGO（标志）放置于主图左上角，宽度为图片大小的 4/10 以内，高度为图片大小的 2/10 以内。

在天猫首页输入关键字“剃须刀”，搜索到的“剃须刀”主图如图 5-1-1 所示。

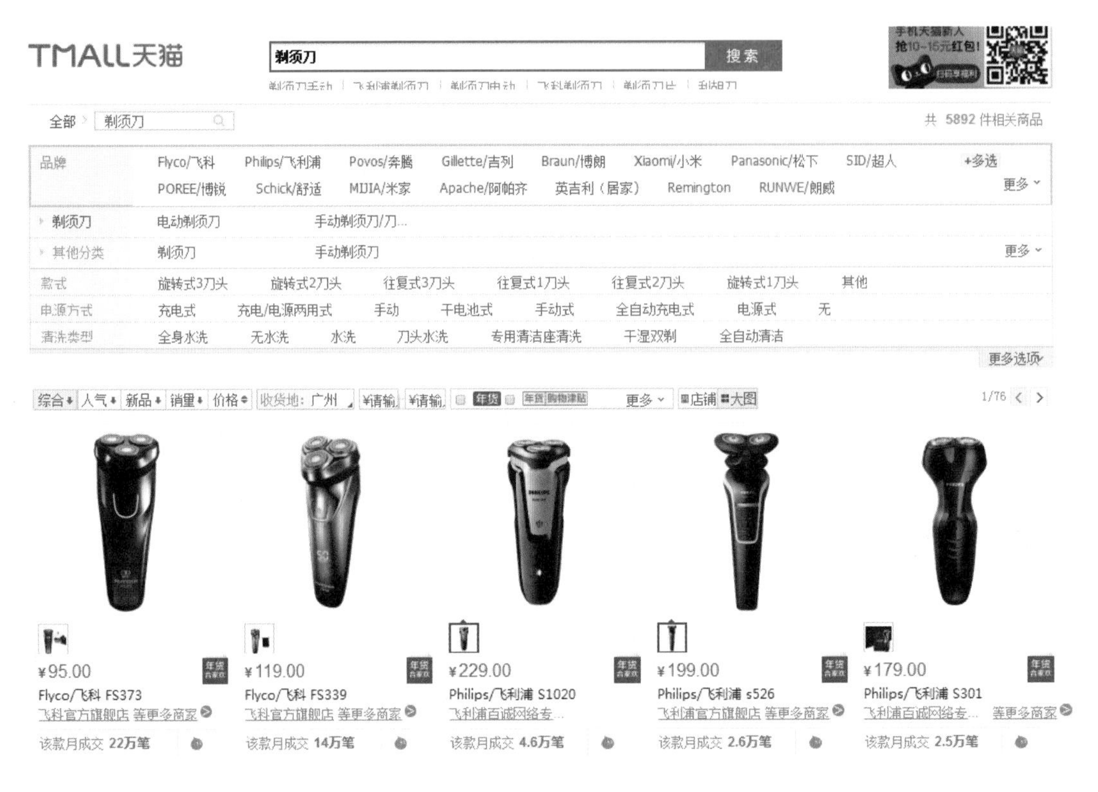

图 5-1-1

5.1.3 淘宝平台的商品主图规范

淘宝网对卖家没有像天猫那么严格的要求，淘宝卖家们通常会做出带有店铺特色的主图。淘宝主图允许带有一定的促销文案和修饰，如图 5-1-2 所示。不少大品牌淘宝店主的主图更青睐于“清爽”的主图，整体风格也越来越趋向简洁大气，如图 5-1-3 所示。

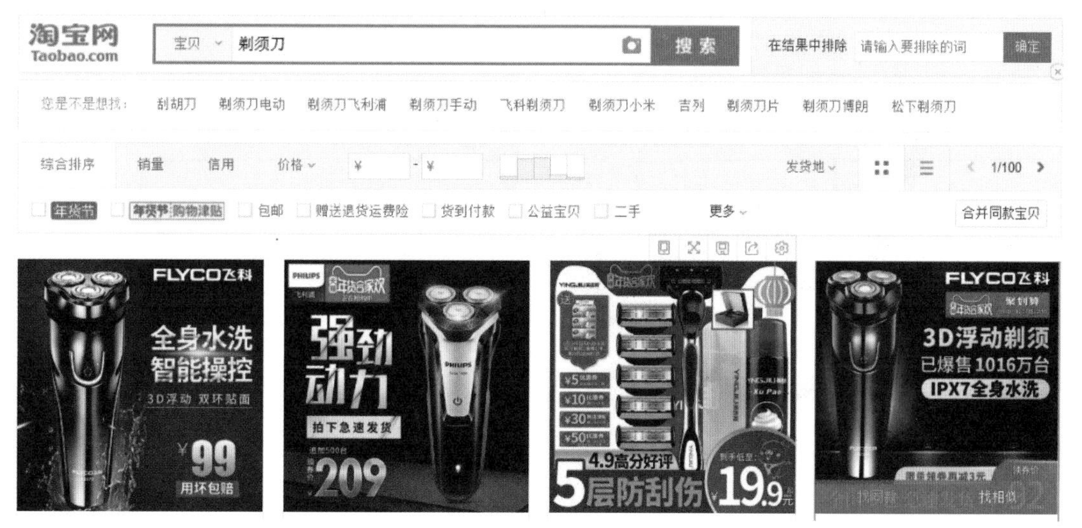

图 5-1-2

图 5-1-3

5.2 商品主图的构图方法

完美的设计通常始于构图，我们的主图应该在各种电商平台主图规则的基础上，精心构思、巧妙设计而成。主图常见的构图方式有以下五种。

5.2.1　黄金分割点构图法

黄金分割是指将整体一分为二，较大部分与整体部分的比值等于较小部分与较大部分的比值，约为 0.618。这个比例被公认为是最能产生美感的比例，因此被称为黄金分割。黄金分割被运用到很多设计领域，主图构图也不例外。其实制作起来很简单，只要将主图画布分为九宫格，九宫格中心正方形的四个顶点的大概位置就是我们所说的黄金分割点，当产品位于其中一个点上时，画面将更有美感。

图 5-2-1、图 5-2-2 所示为使用黄金分割方式进行构图的主图。

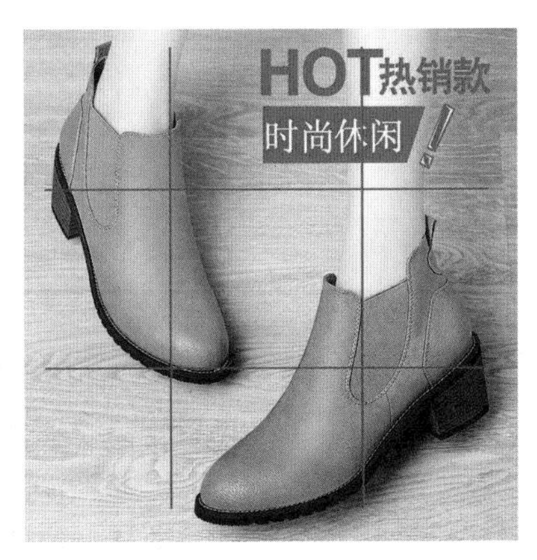

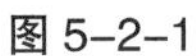
图 5-2-1

图 5-2-2

5.2.2 线性构图法

线性构图法是较为简单的构图法，按一定的规律展示图片，通常采用直线（水平线、垂直线、对角线）构图和折线构图等方法，如图 5-2-3、图 5-2-4、图 5-2-5、图 5-2-6 所示。

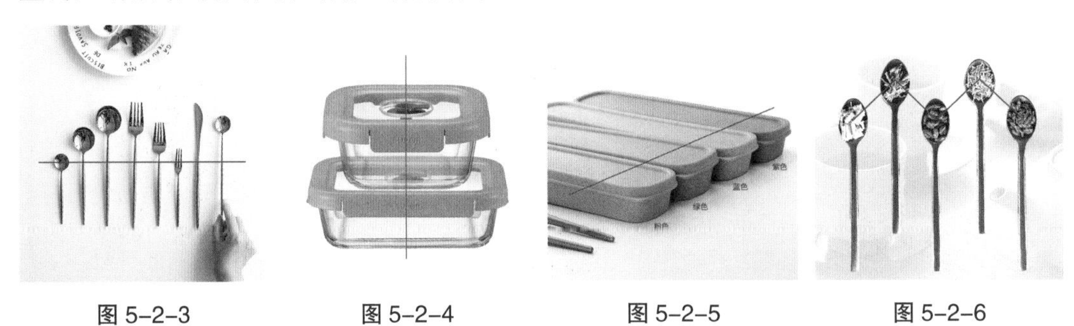

图 5-2-3　　图 5-2-4　　图 5-2-5　　图 5-2-6

5.2.3 层次构图法

层次构图法可根据产品的规格特点，由大到小、由远到近、由实到虚、由主到次来进行排列，从而增强主图表现力，打造出主图的层次感和空间感，如图 5-2-7、图 5-2-8 所示。

图 5-2-7

图 5-2-8

5.2.4　几何图形构图法

如果产品的种类较多，卖家会采用方形、三角形、圆形等几何图形构图法来摆拍商品，从而提高主图的吸引力，如图 5-2-9、图 5-2-10、图 5-2-11 所示。

图 5-2-9

图 5-2-10

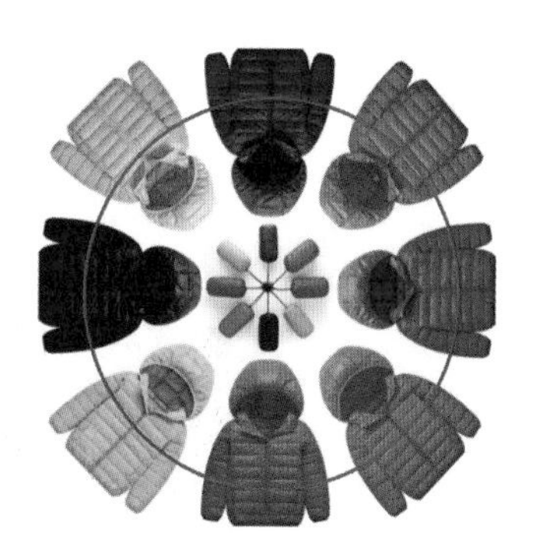

图 5-2-11

5.2.5　辐射式构图法

辐射式构图是将产品从内向外进行扩散摆放，使主图更有活力和动感，一般适用于长条形或者外形修长的产品，如图 5-2-12、图 5-2-13 所示。

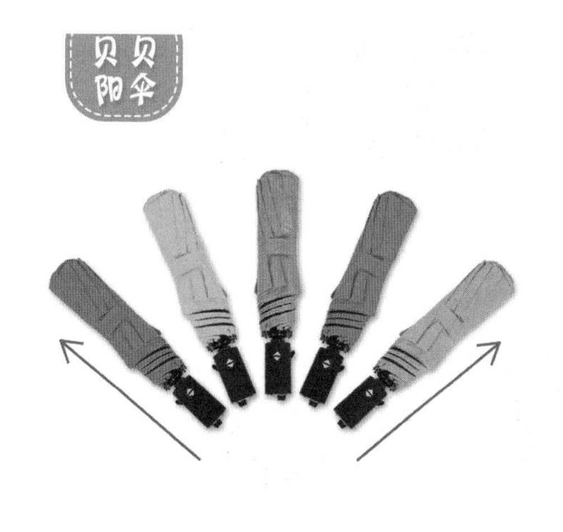

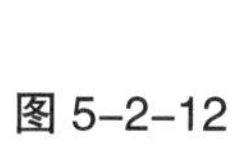

图 5-2-12

图 5-2-13

5.3　直通车主图的制作步骤及技巧

直通车推广是卖家的主要推广方式之一，实现商品精准推广。直通车包括店铺直通车和商品直通车，在此，主要介绍商品直通车的相关内容。商品直通车主要以商品主图的形式呈现，当买家按关键词搜索“保温杯”时，直通车商品将显示在如图 5-3-1 所示中的红框内。

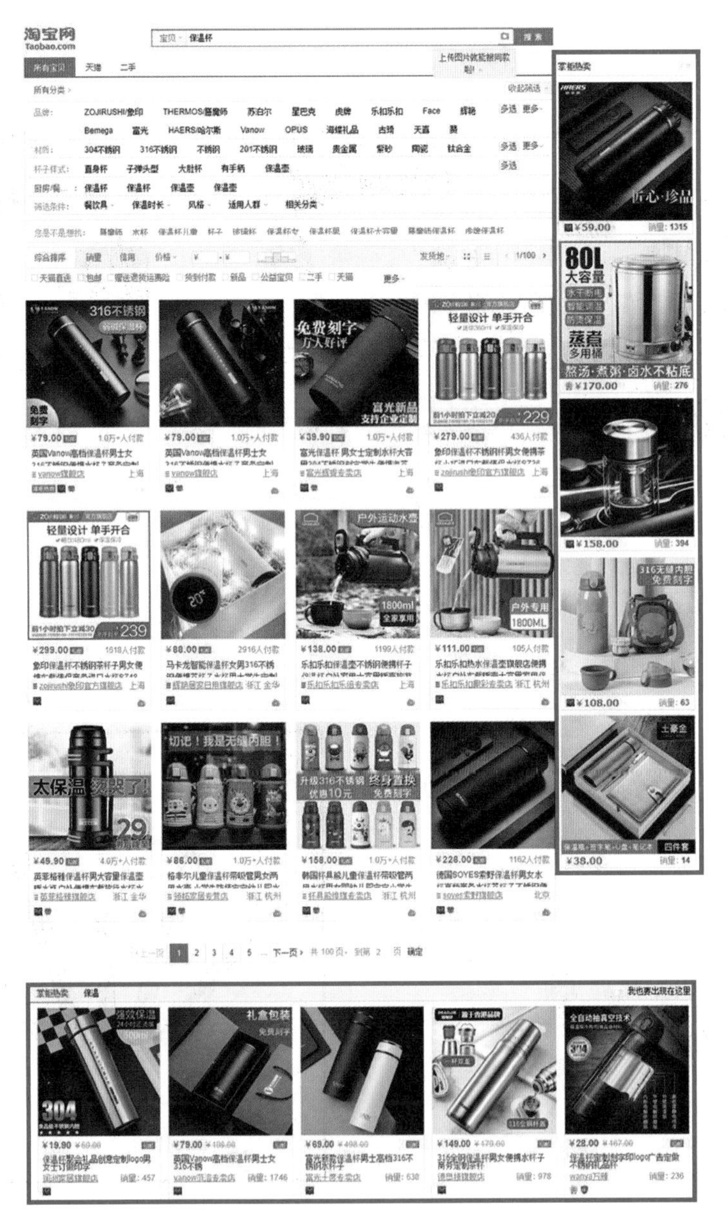

图 5-3-1

直通车营销文案、主图的差异性、整体构图的美观度等都会影响直通车主图的点击率，点击率高的直通车主图，通常具备以下特点：

（1）主题突出，重点突出买家利益点，如图 5-3-2 所示。

（2）设计构图明朗，多为左右排版和上中下排版等方式，如图 5-3-3 所示。

（3）营销文案适度，简明扼要，突出卖点，如图 5-3-4 所示。

（4）色彩搭配得当，结合产品素材、产品属性、产品卖点等，合理搭配颜色，如图5-3-5所示。

图 5-3-2

图 5-3-3

图 5-3-4

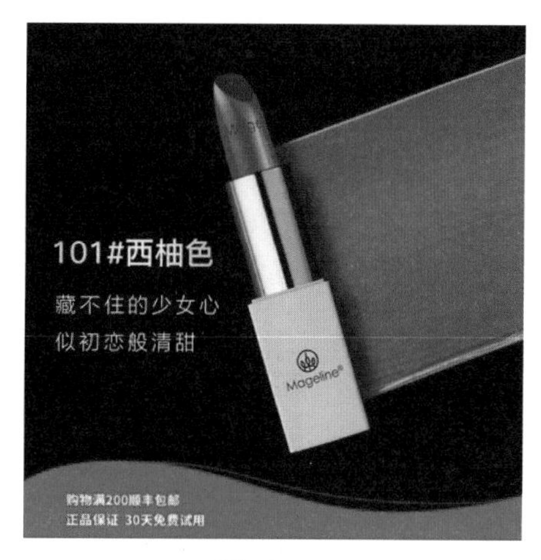

图 5-3-5

5.3.1 抢购直通车主图制作

素材位置：素材 / 剃须刀 .png

视频位置：视频 /5.3.1 抢购直通车主图制作 .avi

源文件位置：源文件 /5.3.1 抢购直通车主图制作 .psd

本案例讲解抢购直通车主图制作方法，在整体构图上，商品位于画面的黄金分割点上，并用相交的几何图形让画面分割为左右两部分，使得整体画面更具动感，契合年轻时尚的用户群体的审美需求。用亮黄色和黑色搭配，凸显营销文案，容易获取高点击率，最终效果如图 5-3-6 所示。

图 5-3-6

步骤 1 按 Ctrl+N 组合键，新建【宽度】为 800 像素、【高度】为 800 像素的画布。

步骤 2 在工具栏中将【前景色】改为深灰色（R:52，G:52，B:52），按 Alt+Delete 组合键执行填充前景色命令。

步骤 3 选择工具箱中的【钢笔工具】，在选项栏中将【工具模式】改为形状，【填充】改为黄色（R:250，G:191，B:46），【描边】改为无，在合适的位置绘制一个多边形，此时生成【形状 1】图层，如图 5-3-7 所示。

图 5-3-7

步骤 4　选择工具箱中的【矩形工具】▣，在选项栏中将【填充】改为黄色（R:255，G:240，B:1），【描边】改为无，在合适的位置绘制一个矩形，此时生成【矩形 1】图层，如图 5-3-8 所示。

图 5-3-8

步骤 5　选中【矩形 1】图层，按 Ctrl+J 组合键执行图层拷贝新建命令，此时生成【矩形 1 副本】图层，并在选项栏中将【填充】改为无，【描边】改为黑色，【形状描边宽度】改为 1 点，按 Ctrl+T 组合键执行自由变换命令，调整图形至合适大小，如图 5-3-9 所示。

图 5-3-9

步骤 6 选择工具箱中的【矩形工具】▭，在选项栏中将【填充】改为黄色（R:233，G:240，B:0），【描边】改为无，在合适的位置绘制一个矩形，如图 5-3-10 所示。

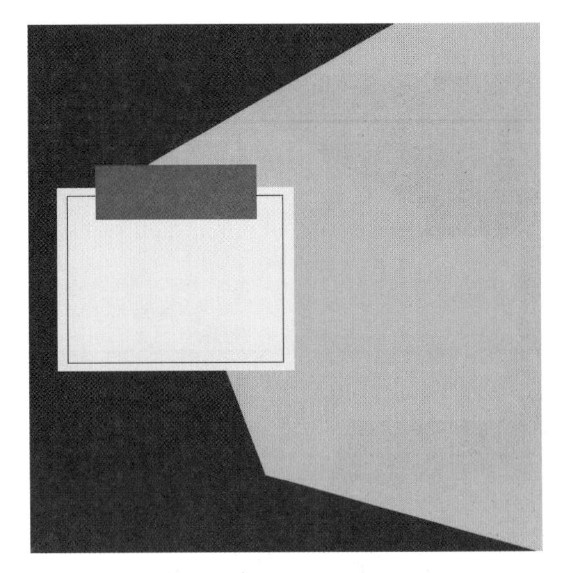

图 5-3-10

步骤 7 选择工具箱中的【横排文字工具】T，在合适的位置添加文字，如图 5-3-11 所示。

图 5-3-11

步骤 8 按 Ctrl+O 组合键执行打开文件命令，打开“剃须刀 .png”文件，将打开的素材拖入画布中合适的位置并调整大小，最终效果如图 5-3-12 所示。

图 5-3-12

5.3.2　双十二优惠直通车主图制作

素材位置：素材 / 绸缎 .png、化妆品 .png、纹路 .jpg

视频位置：视频 /5.3.2 双十二优惠直通车主图制作 .avi

源文件位置：源文件 /5.3.2 双十二优惠直通车主图制作 .psd

本案例讲解双十二优惠直通车主图制作方法，根据产品的规格和特点，采用层次构图法由近及远来进行版面布局，从而增强主图表现力，打造出主图的空间感。同时以有褶皱的绸缎作为修饰，既衬托了产品又提升了画面的质感，使得主图效果更加抢眼，最终效果如图 5-3-13 所示。

图 5-3-13

步骤 1 按 Ctrl+N 组合键执行新建文件命令，新建【宽度】为 800 像素、【高度】为 800 像素的画布，并将画布填充为白色。

步骤 2 按 Ctrl+O 组合键执行打开文件命令，打开“绸缎 .png”文件，将打开的素材拖入画布中合适的位置并调整大小，此时生成【图层 1】图层，如图 5-3-14 所示。

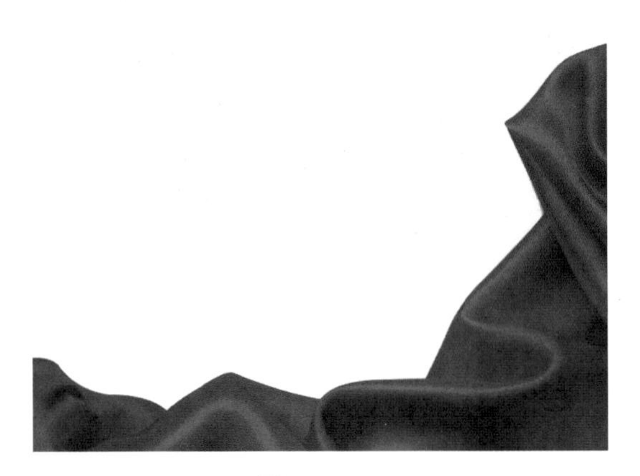

图 5-3-14

步骤 3 选择工具箱中的【椭圆工具】，在选项栏中将【填充】改为黑色，【描边】改为无，在合适的位置绘制一个正圆，此时生成【椭圆 1】图层，如图 5-3-15 所示。

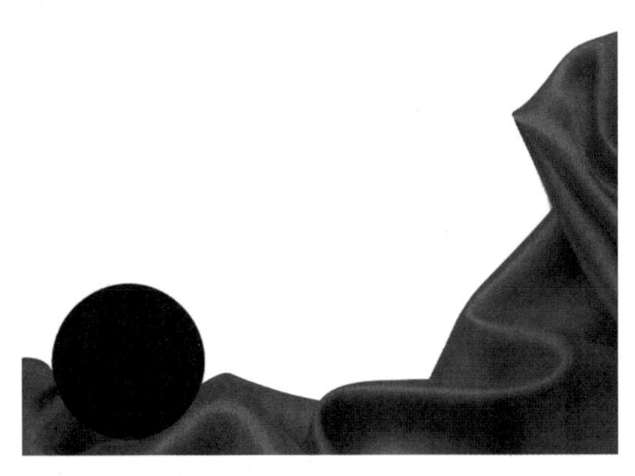

图 5-3-15

步骤 4　双击【椭圆 1】图层—【投影】，设置参数如图 5-3-16 所示，效果如图 5-3-17 所示。

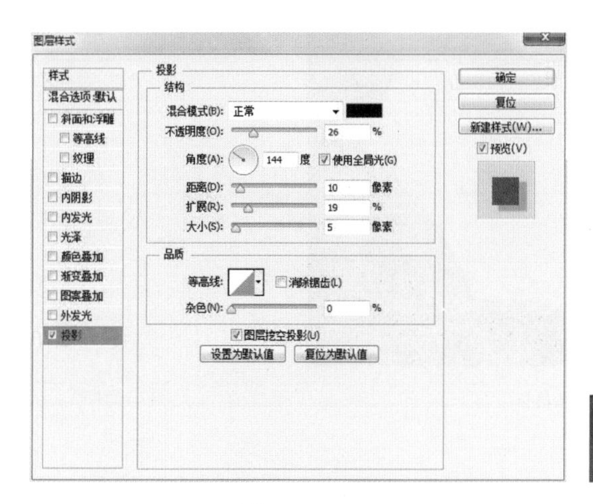

图 5-3-16

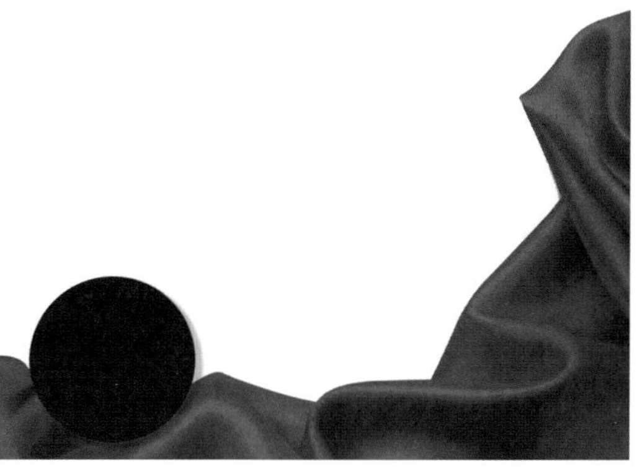

图 5-3-17

步骤 5　按 Ctrl+O 组合键执行打开文件命令，打开“纹路 .jpg”文件，将打开的素材拖入画布中合适的位置并调整大小，此时生成【图层 2】图层，如图 5-3-18 所示。

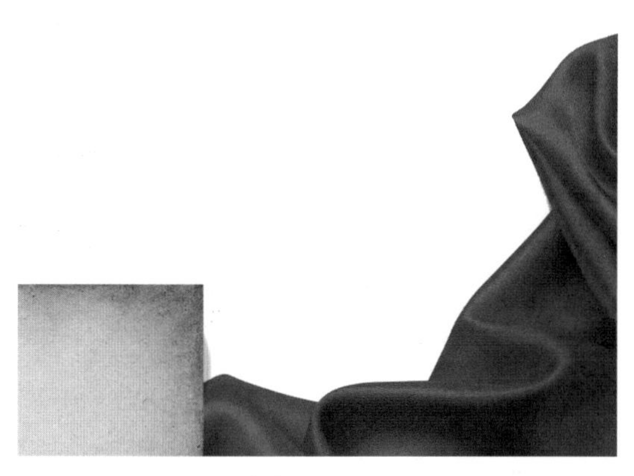

图 5-3-18

步骤 6　按 Alt+Ctrl+G 组合键执行创建剪贴蒙版命令，如图 5-3-19 所示。

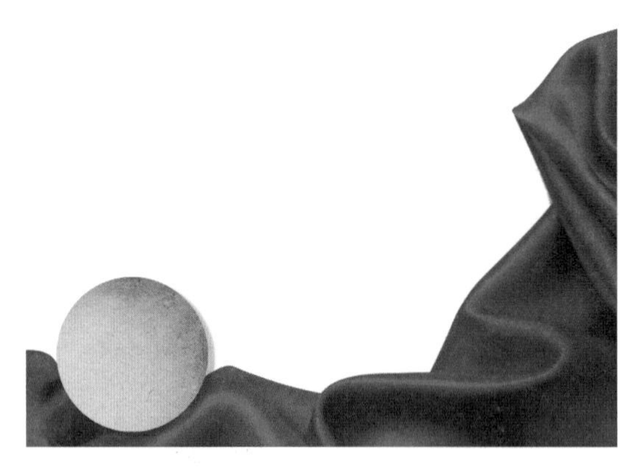

图 5-3-19

步骤 7 选择工具箱中的【圆角矩形工具】，在选项栏中将【填充】改为红色（R:230，G:0，B:18），在合适的位置绘制一个圆角矩形，如图 5-3-20 所示。

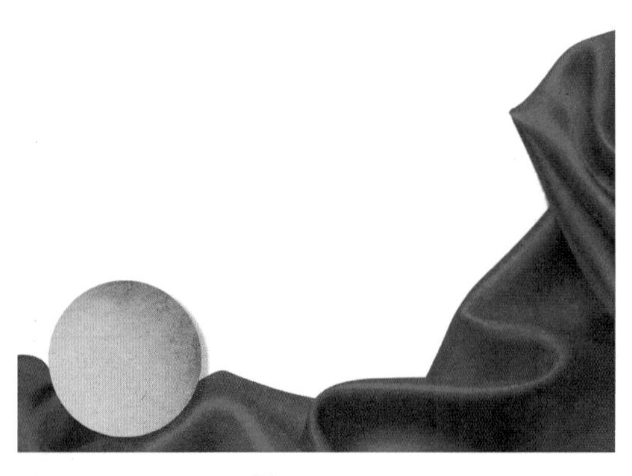

图 5-3-20

步骤 8 选择工具箱中的【横排文字工具】，在合适的位置添加文字，如图 5-3-21 所示。

图 5-3-21

步骤 9　选择工具箱中的【横排文字工具】T，在合适的位置添加文字“萃取精华　焕发新生”，如图 5-3-22 所示。

图 5-3-22

步骤 10　单击图层面板下方的【创建新图层】，此时生成【图层 3】图层，选择工具箱中的【画笔工具】，选择柔角画笔，设置前景色为黄色（R:255，G:248，B:59），在合适的位置绘制一个柔化边缘的圆形，如图 5-3-23 所示。

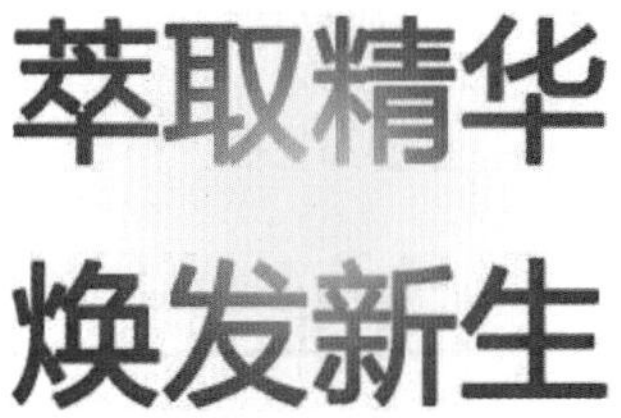
萃取精华
焕发新生

图 5-3-23

步骤 11 按 Alt+Ctrl+G 组合键执行创建剪贴蒙版命令，如图 5-3-24 所示。

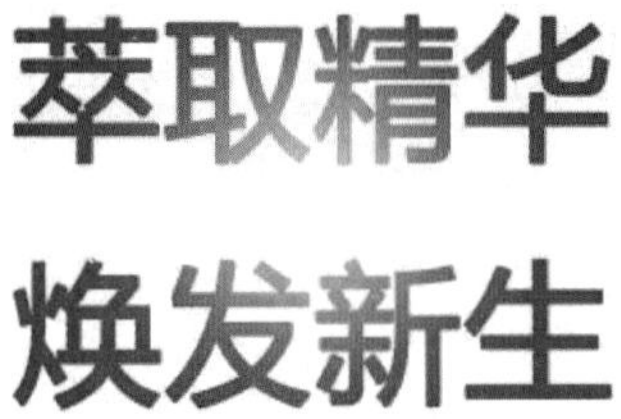
萃取精华
焕发新生

图 5-3-24

步骤 12 选中【背景】图层，按 Ctrl+O 组合键执行打开文件命令，打开“护肤品 .png”文件，将打开的素材拖入画布中合适的位置并调整大小，此时生成【图层 4】图层，如图 5-3-25 所示。

双十二大促
萃取精华
焕发新生
¥299

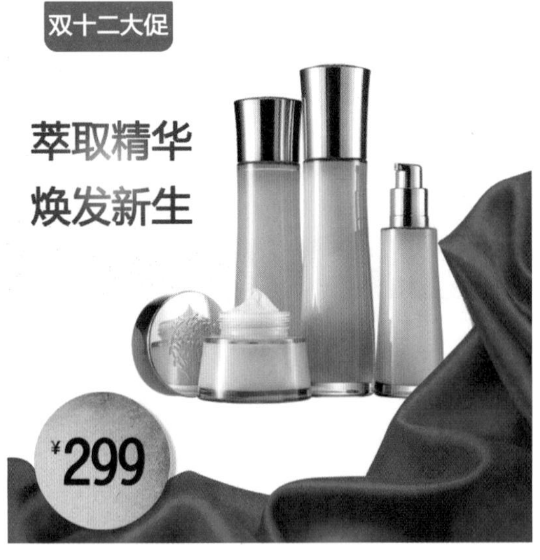

图 5-3-25

步骤 13　选中【图层 4】图层，按 Ctrl+J 组合键执行图层拷贝新建命令，此时生成【图层 4 副本】图层，按 Ctrl+T 组合键，单击【鼠标右键】—【垂直翻转】，将图形移动至合适的位置，选择工具箱中的【橡皮擦工具】，选择柔角画笔，适当擦除图形以形成倒影效果，最终效果如图 5-3-26 所示。

图 5-3-26

5.3.3　组合优惠直通车主图制作

素材位置：素材 / 电器 .png

视频位置：视频 /5.3.3 组合优惠直通车主图制作 .avi

源文件位置：源文件 /5.3.3 组合优惠直通车主图制作 .psd

本案例讲解组合优惠直通车主图制作方法，以紫色为背景，搭配渐变的斜线条元素，同时采用层次构图法，营造出科技感与空间感。在颜色搭配上采用紫色和黄色的经典搭配，让主图更有活力，提升主图的美感，最终效果如图 5-3-27 所示。

图 5-3-27

步骤 1　按 Ctrl+N 组合键执行新建命令，新建【宽度】为 800 像素、【高度】为 800 像素的画布，并将画布填充为紫色（R:85，G:15，B:165）。

步骤 2 选择工具箱中的【钢笔工具】，在选项栏中将【工具模式】改为形状，【填充】改为红色（R:240，G:7，B:107），【描边】改为无，在合适的位置绘制一个多边形，此时生成【形状 1】图层，如图 5-3-28 所示。

图 5-3-28

步骤 3 选择工具箱中的【矩形工具】，在选项栏中将【填充】改为紫色（R:163，G:11，B:185），【描边】改为无，在合适的位置绘制一个矩形，此时生成【矩形 1】图层。按 Ctrl+T 组合键执行自由变换命令，旋转矩形到合适角度，如图 5-3-29 所示。

图 5-3-29

步骤 4　选中【矩形 1】图层，单击图层面板下方的【添加图层蒙版】，选择【画笔工具】，将前景色改为黑色，设置柔角画笔，【大小】改为 300，用画笔在合适的位置进行涂抹，并将【图层不透明度】改为 50%，如图 5-3-30 所示。

图 5-3-30

步骤 5　选择工具箱中的【圆角矩形工具】，在选项栏中将【填充】改为紫色（R:241，G:9，B:227）到紫色（R:172，G:23，B:204）到蓝色（R:122，G:87，B:235）的渐变色，【描边】改为无，在合适的位置绘制一个圆角矩形，此时生成【圆角矩形 1】图层，按 Ctrl+T 组合键，旋转图形至合适角度，如图 5-3-31 所示。

图 5-3-31

步骤 6 选中【圆角矩形 1】图层，按 Ctrl+J 组合键执行图层拷贝新建命令，将复制得到的图层移动至合适位置，如图 5-3-32 所示。

图 5-3-32

步骤 7 选择工具箱中的【钢笔工具】，在选项栏中将【工具模式】改为形状，【填充】改为黄色（R:255，G:241，B:0），【描边】改为无，在合适的位置绘制一个不规则形状，如图 5-3-33 所示。

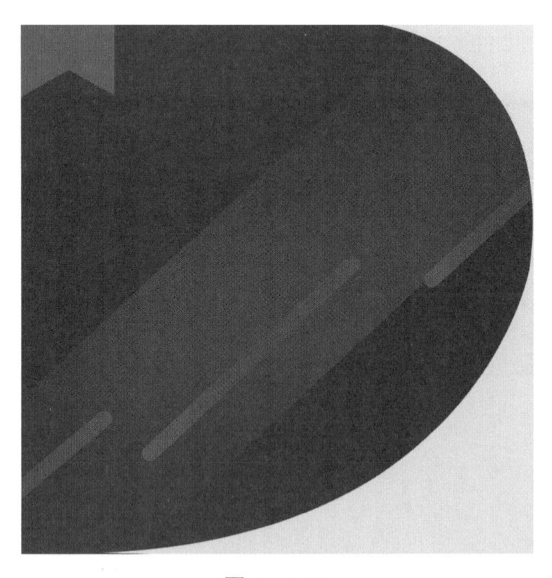

图 5-3-33

步骤 8　选择工具箱中的【钢笔工具】，在选项栏中将【填充】改为黄色（R:243，G:201，B:119），【描边】改为无，在合适的位置绘制一个不规则形状，如图 5-3-34 所示。

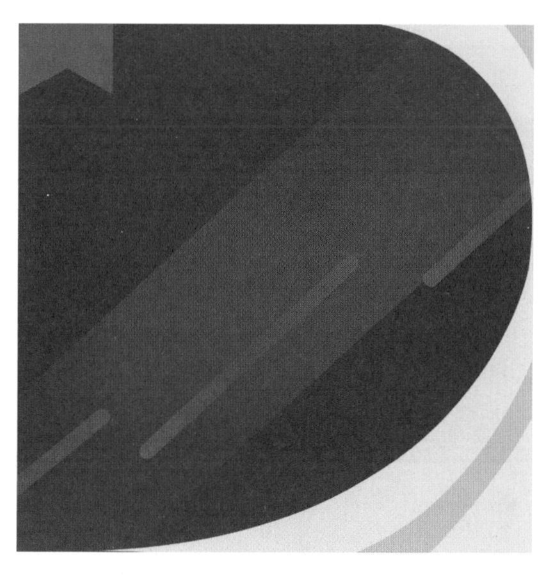

图 5-3-34

步骤 9　选择工具箱中的【椭圆工具】，在选项栏中将【填充】改为紫色（R:170，G:7，B:210），【描边】改为无，在合适的位置绘制三个小圆形，如图 5-3-35 所示。

图 5-3-35

步骤 10 选择工具箱中的【椭圆工具】，在选项栏中将【填充】改为紫色（R:219，G:16，B:126）到紫色（R:216，G:24，B:191）的渐变色，【描边】改为无，在合适的位置绘制一个正圆形，此时生成【椭圆 2】图层，如图 5-3-36 所示。

图 5-3-36

步骤 11 双击【椭圆 2】图层—【斜面和浮雕】，设置参数如图 5-3-37 所示。单击确定后如图 5-3-38 所示。

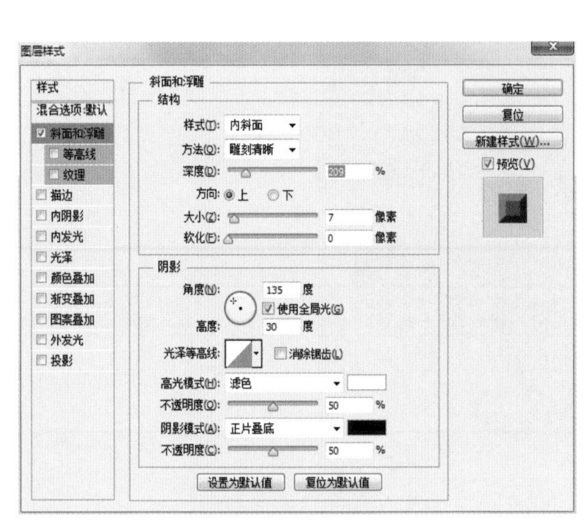

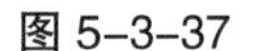

图 5-3-37

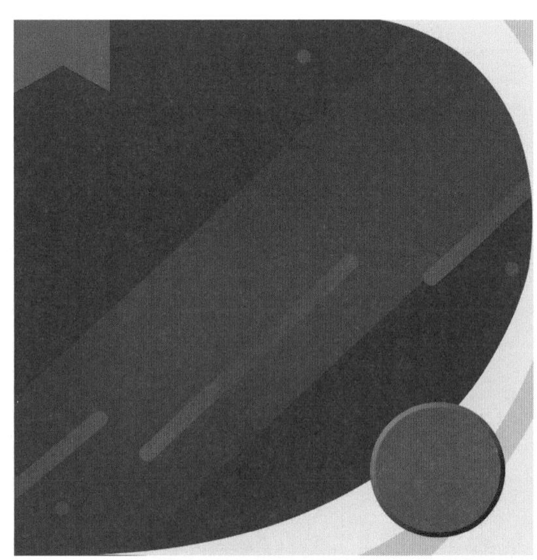

图 5-3-38

步骤 12 选择工具箱中的【横排文字工具】T.，在合适的位置添加文字并为文字添加渐变效果，如图 5-3-39 所示。

图 5-3-39

步骤 13 按 Ctrl+O 组合键执行打开文件命令，打开“电器 .png”文件，将打开的素材拖入画布中合适的位置并调整大小，最终效果如图 5-3-40 所示。

图 5-3-40

第 6 章 店招与导航栏设计与制作

店招全称为店铺招牌，店招位于店铺首页的最顶端，用于指示和引导消费者，展示店铺名称、最新活动与销售内容等一系列信息。店招是店铺的灵魂所在，是消费者进入店铺后看到的第一个模块，也是打造店铺品牌的关键。优秀的店招设计可以迅速抓住消费者眼球，从而进一步提升留存率。本章为读者讲解店招的设计规范与制作要求。

学习目标

1. 了解店招与导航栏的尺寸与格式；
2. 掌握店招设计原则及风格；
3. 掌握店招和导航栏的制作步骤和方法。

6.1 店招与导航栏的尺寸与格式

6.1.1 淘宝天猫店招尺寸

不同的电商平台对店招的图片尺寸有不同的要求，下面以天猫、淘宝的店招为例来介绍有关店招的视觉设计规范。

一、淘宝

淘宝店招及导航的自定义可编辑区域的宽为 950 像素，店招自定义模块默认高为 120 像素，自带导航条高为 30 像素。店招和导航一般默认为同一个整体总高 150 像素，即 950 像素 ×150 像素。如超出 150 像素的部分，在装修完毕发布后，淘宝店铺页面将不显示超出的部分。

二、天猫

天猫店招及导航的自定义可编辑区域的宽为 990 像素，店招整体高 150 像素，店招自定义模块默认高度为 120 像素，自带导航条高为 30 像素，如图 6-1-1 所示。

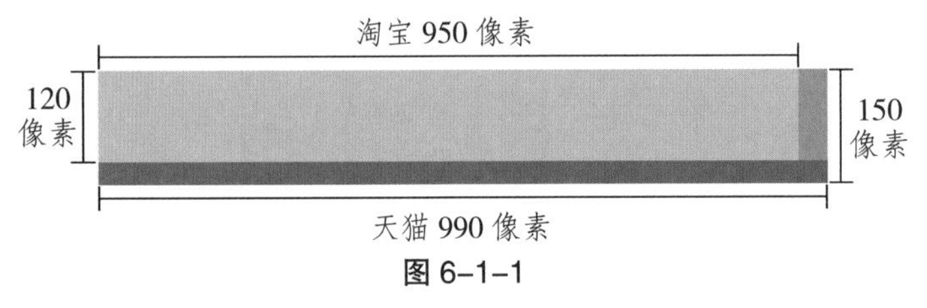

图 6-1-1

6.2 店招的设计原则及风格

6.2.1　店招的设计原则

店招的首要功能就是要清晰地展示店铺名称。除了基本内容之外，店招上还可以添加品牌宣传语、近期的活动促销信息、收藏按钮、移动端二维码等元素，力求利用有限的空间传递出更多的店铺信息，以刺激消费者的购买欲望。但要注意这些元素最好不要超过三个，因为足够的留白空间有利于打造视觉重心，让设计元素发挥出最大的效能，如图 6–2–1 所示。

图 6–2–1

为了树立店铺品牌形象，提升店铺档次，在设计店招时需要遵循一定的设计原则。首先，要求店招要有整洁的版面设计，要搭配合理的颜色和字体，还需要一句能够吸引消费者的广告语，让消费者在短暂的浏览过后能对店铺留下印象。其次，店招的设计要与导航条保持风格统一，利用相同或者相近色彩、相同风格的修饰元素等来营造视觉上的一致性。总的来说，店招的整体画面需具备强烈的视觉冲击力，能清晰地将店铺信息及商品信息传达给顾客。通过确定店招的风格，还可以对店铺的整体装修风格进行定位。

1. 选择合适的店招图片素材

店招图片的素材通常可以从网上收集，通过搜索引擎输入关键字可以很快找到很多相关的图片素材，也可以登录设计资源网站，找到更多精美、专业的图片。下载图片素材时，要选择尺寸大、清晰度好、没有版权问题且适合自己店铺的图片。

2. **突出店铺的独特性质**

店招是店铺装修的重要部分，它体现了一个店铺的整体形象，也代表着一个店铺的文化和经营理念，因此店招在设计上需要注重个性化，让店招与众不同，独具一格。店招的设计还需要与店铺的整体风格、产品特性进行有机统一，为消费者营造一种和谐、舒适的感觉。

3. **让顾客对自己的店招过目不忘**

设计一个好的店招应从颜色搭配和排版布局两个方面入手。在符合店铺整体风格的基础上，使用流行的颜色、考究的字体、独特的版面布局，还可以适当地添加动画效果来给人留下深刻的印象。

6.2.2 店招的设计风格

店招风格按照功能区分，一般分为以品牌宣传为主的简约风格、以促销活动为主的促销风格和以产品推广为主的推广风格三种。

1. **以品牌宣传为主**

这类店招的整体风格偏向于简洁大气，主要由店铺 Logo、店铺名、店铺 Slogan（标语）几个要素构成；其次还可以添加品牌保证、品牌故事、店铺资质等可以从侧面反映店铺实力的元素，如图 6-2-2 所示。

图 6-2-2

2. **以促销活动为主**

这类店招首要考虑的是活动信息、时间、优惠券、促销产品等活动促销内容，因此版面会稍满，力求在有限的版面范围内展现出更多关于促销活动的信息；其次，为了提高成交量还可以增加店内搜索、客服入口等有利于提高用户体验的内容，如图 6-2-3 所示。

图 6-2-3

3. **以产品推广为主**

这类店招的特点是包含一到几款新品或促销产品，同时包含活动内容、满减等促销信息；其次还包含店铺 Logo、店铺名、店铺 Slogan 等以品牌宣传为主的内容，如图 6-2-4 所示。

图 6-2-4

6.3 店招与导航栏的制作步骤及技巧

6.3.1　以品牌宣传为主的店招与导航栏制作

素材位置：素材 / 春夏新风尚 .png、店名 LOGO.png

视频位置：视频 /6.3.1 以品牌宣传为主的店招与导航栏制作 .avi

源文件位置：源文件 /6.3.1 以品牌宣传为主的店招与导航栏制作 .psd

本案例讲解以品牌宣传为主的店招与导航栏制作方法，以白色为主色调，配以醒目的灰色和红色文字，简洁而具有高级感，是网店中最为常见的以品牌宣传为主的店招设计样式。最终效果如图 6-3-1 所示。

图 6-3-1

步骤 1　按 Ctrl+N 组合键执行新建文件命令，新建【宽度】为 950 像素、【高度】为 150 像素的画布。

步骤 2　选择工具箱中的【矩形工具】，在选项栏中将【填充】改为白色，【描边】改为无，【宽高】改为 W：950 像素、H：30 像素，在画布中绘制一个矩形，此时生成【矩形 1】图层。同时选中【矩形 1】图层与【背景】图层，选择【移动工具】，在选项栏中选择底对齐和居中对齐。

步骤 3　双击【矩形 1】图层—【投影】，将【角度】改为 -90 度，【颜色】改为灰色（R:199，G:199，B:199），【距离】改为 3 像素，【大小】改为 9 像素，如图 6-3-2 所示。

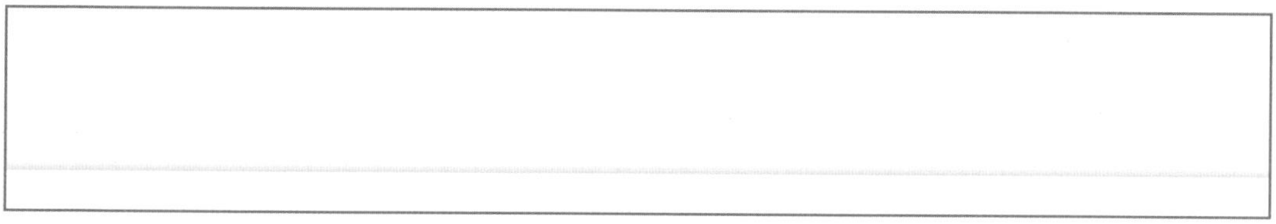

图 6-3-2

步骤 4　选择工具箱中的【矩形工具】，在选项栏中将【填充】改为白色，【描边】改为无，在合适位置绘制一个矩形，此时生成【矩形 2】图层。双击【矩形 2】图层—【投影】，将【角度】改为 120 度，【距离】改为 3 像素，【大小】改为 9 像素，【颜色】改为黑色。按 Ctrl+O 组合键执行打开文件命令，打开"春夏新风尚 .png"与"店名 LOGO.png"文件，将打开的素材拖入画布中合适的位置并调整大小，如图 6–3–3 所示。

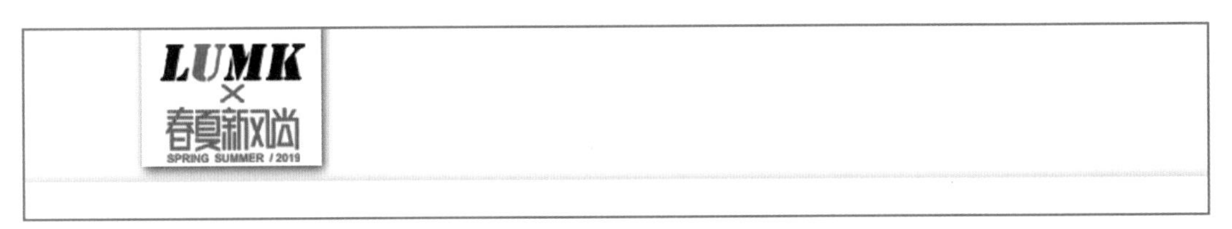

图 6–3–3

步骤 5　选择工具箱中的【椭圆工具】，在选项栏中将【填充】改为白色，【描边】改为灰色（R:106，G:106，B:106），【形状描边宽度】改为 1 点，在合适的位置绘制一个正圆圈，此时生成【椭圆 1】图层。然后选择【自定义形状工具】，在选项栏中将【填充】改为灰色，【描边】改为无，【形状】改为，在合适的位置绘制一个桃心，并在合适位置添加文字"关注"，如图 6–3–4 所示。

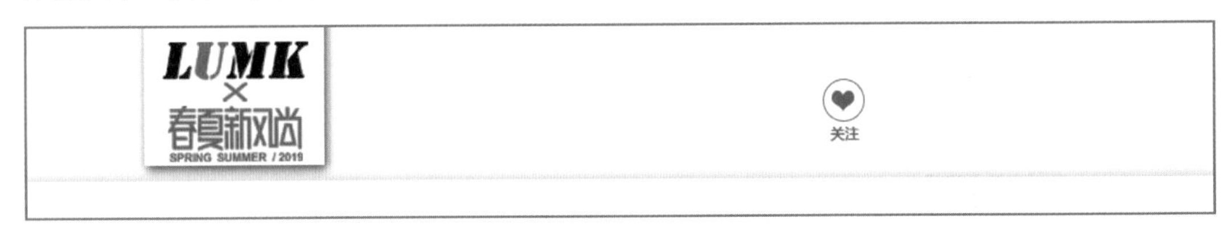

图 6–3–4

步骤 6　用上述同样的方式绘制图形并添加文字，如图 6–3–5 所示。

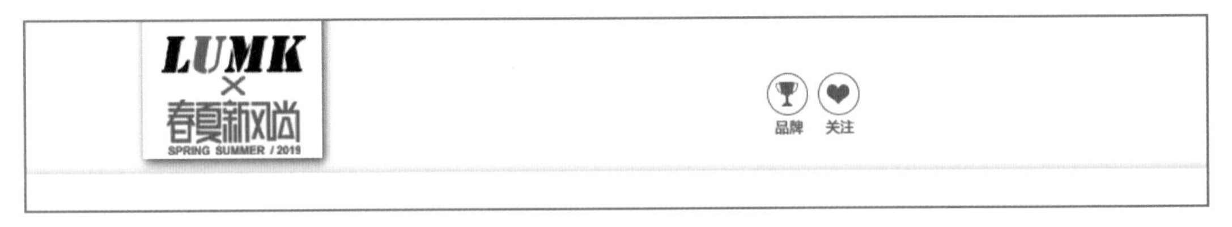

图 6–3–5

步骤 7　选择工具箱中的【矩形工具】，在选项栏中将【填充】改为灰色，【描边】改为无，在合适位置绘制一个矩形，此时生成【矩形 3】图层，如图 6–3–6 所示。

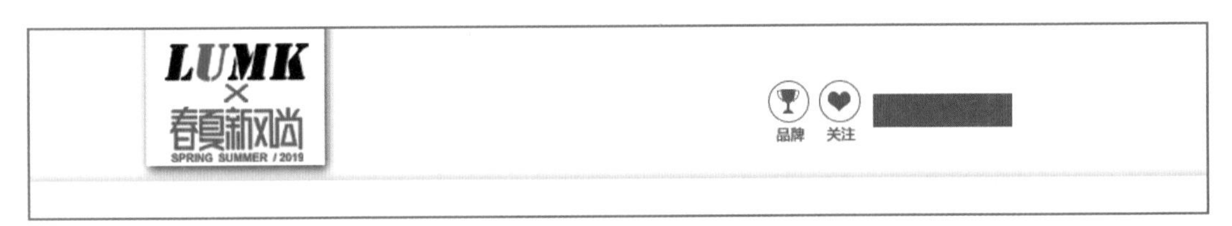

图 6–3–6

步骤 8　选中【矩形 3】图层，按 Ctrl+J 组合键执行拷贝新建命令，此时生成【矩形 3 副本】图层，在选项栏中将【填充】改为白色，【描边】改为灰色，【形状描边宽度】改为 1 点，按 Ctrl+T 执行自由变换命令，向左缩放，如图 6-3-7 所示。

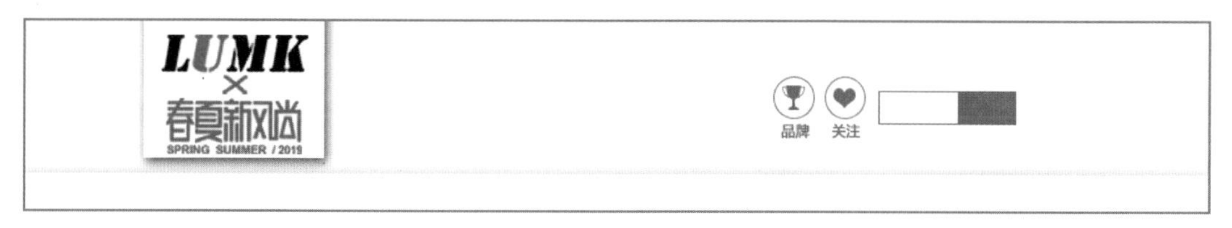

图 6-3-7

步骤 9　选择工具箱中的【自定义形状工具】，在选项栏中将【填充】改为白色，【描边】改为无，【形状】改为，在合适的位置绘制一个搜索符号，如图 6-3-8 所示。

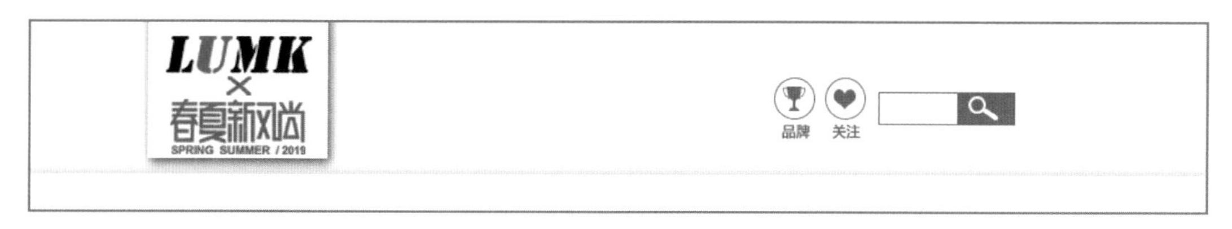

图 6-3-8

步骤 10　选择工具箱中的【椭圆形状工具】，在选项栏中将【填充】改为白色，【描边】改为灰色，在合适的位置绘制一个正圆圈，此时生成【椭圆 3】图层。选择【横排文字工具】，在合适位置添加文字“藏”。选中【藏】图层，单击【鼠标右键】—【创建剪贴蒙版】，如图 6-3-9 所示。

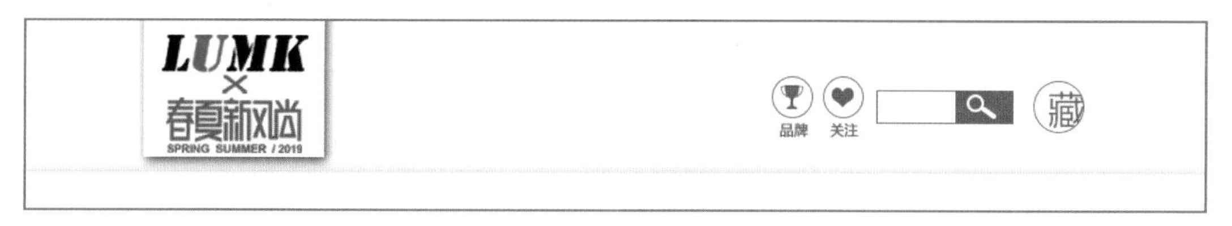

图 6-3-9

步骤 11　选择工具箱中的【横排文字工具】，在合适的位置添加文字，如图 6-3-10 所示。

图 6-3-10

步骤 12 选择工具箱中的【自定义形状工具】，在选项栏中将【填充】改为红色（R:255，G:0，B:0），【描边】改为无，【形状】改为，在合适的位置绘制一个对话符号，选择【横排文字工具】，在合适的位置添加文字“HOT”，最终效果如图 6-3-11 所示。

图 6-3-11

6.3.2 以促销活动为主的店招与导航栏制作

素材位置：素材 / 春夏新风尚 .png、3 元优惠券 .png、20 元优惠券 .png、女装 .png

视频位置：视频 /6.3.2 以促销活动为主的店招与导航栏制作 .avi

源文件位置：源文件 /6.3.2 以促销活动为主的店招与导航栏制作 .psd

本案例讲解以促销活动为主的店招与导航栏制作方法，以粉红色和红色为主色调，搭配醒目的白色文字和黄颜色商品图片。在店招布局上，采用颜色来进行区域划分，用鲜艳的色块体现活动区和领券区，吸引消费者的注意并使其将重点放在店铺活动上，最终效果如图 6-3-12 所示。

图 6-3-12

步骤 1 按 Ctrl+N 组合键执行新建文件命令，新建【宽度】为 950 像素、【高度】为 150 像素的画布。

步骤 2 选择工具箱中的【渐变工具】，在选项栏中将【渐变】改为白色（R:250，G:250，B:250）到红色（R:255，G:210，B:210）的渐变色，【渐变样式】改为径向渐变，如图 6-3-13 所示。在【背景】图层中填充渐变色，如图 6-3-14 所示。

图 6-3-13

图 6–3–14

步骤 3　选择工具箱中的【矩形工具】，在选项栏中将【填充】改为红色（R:255，G:123，B:140），【描边】改为无，【宽高】改为 W：950 像素、H：30 像素，在画布中绘制一个矩形，此时生成【矩形 1】图层。同时选中【矩形 1】图层与【背景】图层，选择工具箱中的【移动工具】，在选项栏中选择底对齐和居中对齐，如图 6–3–15 所示。

图 6–3–15

步骤 4　选择工具箱中的【自定义形状工具】，在选项栏中将【填充】改为白色，【描边】改为无，【形状】改为形状：，在合适的位置绘制一个云朵形状，并将【图层不透明度】改为 50%。将云朵进行多次复制并适当地调整大小和位置，如图 6–3–16 所示。

图 6–3–16

步骤 5　选择工具箱中的【圆角矩形工具】，在选项栏中将【填充】改为红色（R:211，G:65，B:83），【描边】改为无，【半径】改为 60，在合适位置绘制一个圆角矩形，此时生成【圆角矩形 1】图层。选择【自定义形状工具】，在选项栏中将【填充】改为白色，【描边】改为无，【形状】改为形状：，在合适的位置绘制一个桃心，如图 6–3–17 所示。

图 6–3–17

步骤 6 选择工具箱中的【矩形工具】，在选项栏中将【填充】改为红色（R:211，G:65，B:83），【描边】改为红色（R:211，G:65，B:83），【形状描边宽度】改为 3 点，在合适的位置绘制一个矩形，此时生成【矩形 2】图层。

步骤 7 选中【矩形 2】图层，按 Ctrl+J 组合键执行图层拷贝新建命令，此时生成【矩形 2 副本】图层，在选项栏中将【填充】改为白色，按 Ctrl+T 组合键执行自由变换命令，将图形调整至合适大小及位置，如图 6-3-18 所示。

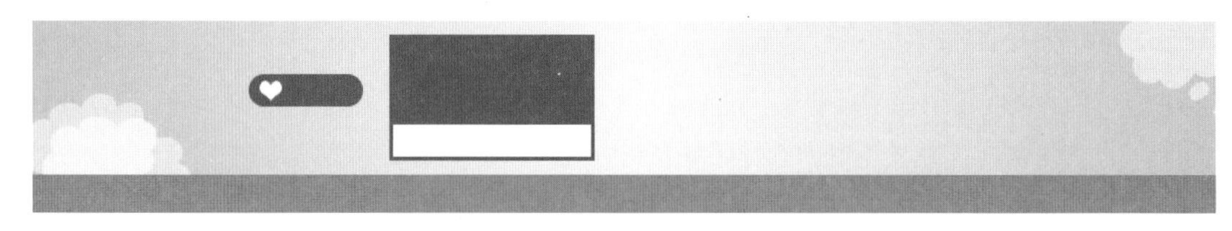

图 6-3-18

步骤 8 选择工具箱中的【矩形工具】，在选项栏中将【填充】改为无，【描边】改为红色（R:211，G:65，B:83），【形状描边宽度】改为 3 点，在合适的位置绘制一个矩形框，此时生成【矩形 3】图层。在选项栏中将【填充】改为红色（R:211，G:65，B:83），【描边】改为无，在合适的位置绘制一个矩形，此时生成【矩形 4】图层，如图 6-3-19 所示。

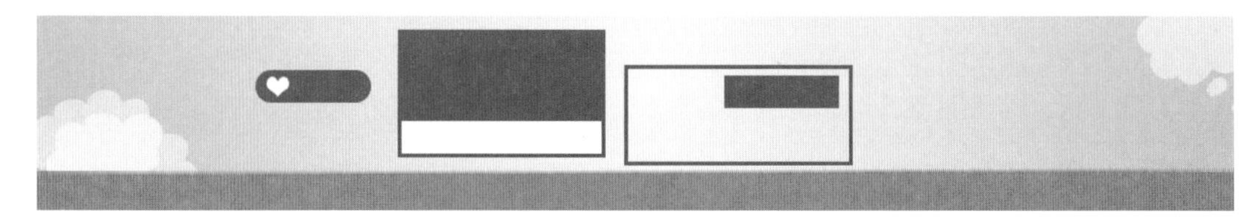

图 6-3-19

步骤 9 选择工具箱中的【横排文字工具】，在合适的位置添加文字，如图 6-3-20 所示。

图 6-3-20

步骤 10 按 Ctrl+O 组合键执行打开文件命令，打开“春夏新风尚 .png”文件，将打开的素材拖入画布中合适的位置并调整大小。双击【春夏新风尚】图层—【颜色叠加】，将【颜色】改为白色，如图 6-3-21 所示。

图 6-3-21

步骤 11　按 Ctrl+O 组合键执行打开文件命令，打开“3 元优惠券 .png”“20 元优惠券 .png”和“女装 .png”，将打开的素材拖入画布中合适的位置并调整大小，如图 6-3-22 所示。

图 6-3-22

步骤 12　选择工具箱中的【矩形工具】，在选项栏中将【填充】改为白色，【描边】改为无，在【春季新品】文字图层下方绘制一个矩形，并做适当斜切，最终效果如图 6-3-23 所示。

图 6-3-23

6.3.3　以产品推广为主的店招与导航栏制作

素材位置：素材 / 小鹿 .png、洗面奶 .png、洗发水 .png

视频位置：视频 /6.3.3 以产品推广为主的店招与导航栏制作 .avi

源文件位置：源文件 /6.3.3 以产品推广为主的店招与导航栏制作 .psd

本案例讲解以产品推广为主的店招与导航栏制作方法，以红色为主色调，搭配对比色明显的白色和黑色，同时以黄色作为点缀色，在布局上着重展示产品推广的内容，让消费者的眼球迅速聚焦到店铺宣传的重点上，最终效果如图 6-3-24 所示。

图 6-3-24

步骤 1　按 Ctrl+N 组合键执行新建文件命令，新建【宽度】为 950 像素、【高度】为 150 像素的画布，并将画布填充为红色（R:173，G:19，B:45），如图 6-3-25 所示。

图 6-3-25

步骤 2 选择工具箱中的【矩形工具】，在选项栏中将【填充】改为灰色（R:218，G:218，B:218），【宽高】改为 W：950 像素、H：30 像素，在画布中绘制一个矩形，此时生成【矩形 1】图层。同时选中【矩形 1】与【背景】图层，选择【移动工具】，在选项栏中选择底对齐和居中对齐，如图 6-3-26 所示。

图 6-3-26

步骤 3 选择工具箱中的【矩形工具】，在选项栏中将【填充】改为红色（R:113，G:11，B:11），【描边】改为无，【宽高】改为 W：85 像素、H：120 像素，在合适的位置绘制一个矩形，此时生成【矩形 2】图层，如图 6-3-27 所示。

图 6-3-27

步骤 4 按 Ctrl+O 组合键执行打开文件命令，打开“小鹿 .png”文件，将打开的素材拖入画布中合适的位置并调整大小。选择工具箱中的【横排文字工具】，在合适位置添加文字“XIAOLU”，如图 6-3-28 所示。

图 6-3-28

步骤 5　按 Ctrl+O 组合键执行打开文件命令，打开“洗发水 .png”与“洗面奶 .png”文件，将打开的素材拖入画布中合适的位置并调整大小，再按 Ctrl+J 组合键执行图层拷贝新建命令，将复制出来的图形进行层叠排版，如图 6-3-29 所示。

图 6-3-29

步骤 6　按住 Shift 键的同时选中所有产品图层，按 Ctrl+Alt+E 组合键执行图层合并新建命令，并将生成的图层名称改为【投影】，双击【投影】图层 —【颜色叠加】，将【颜色】改为白色，单击确定后效果如图 6-3-30 所示。

图 6-3-30

步骤 7　选中【投影】图层，按 Ctrl+T 组合键执行自由变换命令，单击【鼠标右键】—【斜切】，将图像向左侧倾斜并适当平移，并将【投影】图层置于所有产品图层的下方，如图 6-3-31 所示。

图 6-3-31

步骤 8　选择工具箱中的【矩形工具】，在选项栏中将【填充】改为黄色（R:255，G:212，B:3），【描边】改为无，在合适位置绘制一个矩形，此时生成【矩形 3】图层。再用同样的方式绘制一个黑色矩形，此时生成【矩形 4】图层，如图 6-3-32 所示。

图 6-3-32

步骤 9 选中【矩形 4】图层，选择工具箱中的【添加锚点工具】，在矩形路径的左侧添加一个锚点，如图 6–3–33 所示。然后选择【转换点工具】，单击锚点，将锚点转换为角点，选择【直接选择工具】，将锚点往右侧拖动，如图 6–3–34 所示。

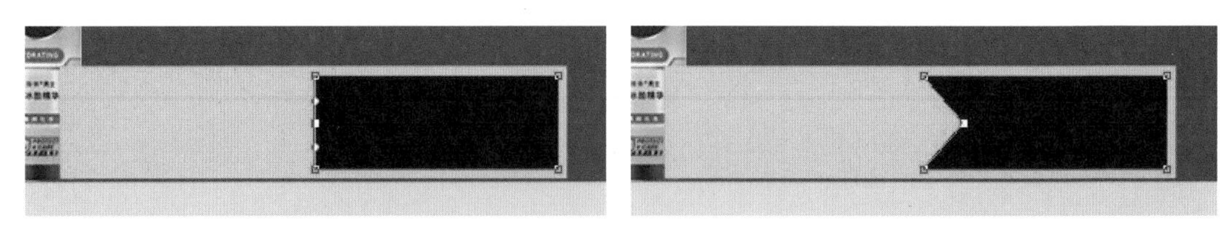

图 6–3–33　　　　图 6–3–34

步骤 10 选择工具箱中的【横排文字工具】，在合适位置添加文字，使用大小对比明显的文字突出活动推广的重点并适当斜切，如图 6–3–35 所示。

图 6–3–35

步骤 11 选择工具箱中的【矩形工具】，在选项栏中将【填充】改为黑色，【描边】改为无，在合适位置绘制一个矩形，此时生成【矩形 5】图层。选择【自定义形状工具】，在选项栏中将【填充】改为白色，【描边】改为无，【形状】改为形状: ，在合适的位置绘制一个桃心。选择【文字工具】，在合适位置添加文字“收藏本店”，如图 6–3–36 所示。

图 6–3–36

步骤 12 选择工具箱中的【矩形工具】，在选项栏中将【填充】改为无，【描边】改为黑色，【形状描边宽度】改为 1 点，在合适位置绘制一个矩形框，此时生成【矩形 6】图层，并将【矩形 6】图层置于【矩形 5】图层的下方，如图 6–3–37 所示。

图 6–3–37

步骤 13　选择工具箱中的【横排文字工具】T，在合适位置添加文字，如图 6-3-38 所示。

图 6-3-38

步骤 14　选择工具箱中的【自定义形状工具】，在选项栏中将【填充】改为黄色（R:255，G:212，B:3），【描边】改为无，【形状】改为形状:，在合适的位置绘制一个对话符号并适当斜切。然后选择【横排文字工具】T，在合适位置添加文字“NEW”，最终效果如图 6-3-39 所示。

图 6-3-39

第 7 章 首页海报设计与制作

店铺首页海报主要用于店铺的商品推广，也是吸引顾客的重要营销手段之一。本章将概述店铺首页海报的设计规范，让读者能够了解首页海报的尺寸与格式，并重点讲解首页海报的视觉设计方法。读者可以通过对本章的学习来加强海报的设计技巧，并掌握海报的制作方法。

学习目标

1. 掌握网店海报设计规范；
2. 掌握网店海报的视觉设计；
3. 掌握网店海报的制作步骤及方法。

7.1 海报的设计规范

以天猫、淘宝的网店首页海报为例，天猫常规的海报宽度为 990 像素，淘宝常规的海报宽度为 950 像素，全屏海报宽度则都为 1 920 像素，高度一般在 300 ~ 700 像素之间效果较好。

有的店铺将首页海报设置成轮播形式循环播放，轮播海报最多不超过五张，主题要明确、突出，设计要大方简洁，不宜太复杂，轮播速度不宜过快，要让消费者能够看清楚每张海报的内容再切换下一张，如图 7-1-1 所示。也有些店铺根据需求将首页海报进行并排分布，如图 7-1-2 所示。

图 7-1-1　轮播形式海报

图 7-1-2　并排分布形式海报

7.2 海报的视觉设计

7.2.1 海报主题确定

首页海报的功能主要是对店铺商品进行促销推广，每张海报必须根据营销策划，对品牌推广、店铺活动、某一件商品或者组合商品促销进行推广。确定商品之后要根据营销策划确定海报主题。例如儿童节促销活动，那就定儿童节主题，如图 7–2–1 所示；冬装可以定为冬天的主题，如图 7–2–2 所示。不同的主题可搭配不同的元素进行设计。

图 7–2–1　儿童节主题海报

图 7–2–2　冬天主题海报

7.2.2 海报版式设计

网店海报的版式分割是指在平台有限的广告版面空间里，用各种图形将整个版面分割为两个或者两个以上的部分，再分别配上商品或者文案等，将原本单一独立的一个版面分割为多个部分，并调整各个版面的面积大小，明确各个部分的主次关系，使得海报版面更有层次感，更有对比性及活力感，这样有版式设计的海报对顾客更具有引导性。

常见的版面分割有以下几种形式：

1. **直线分割**

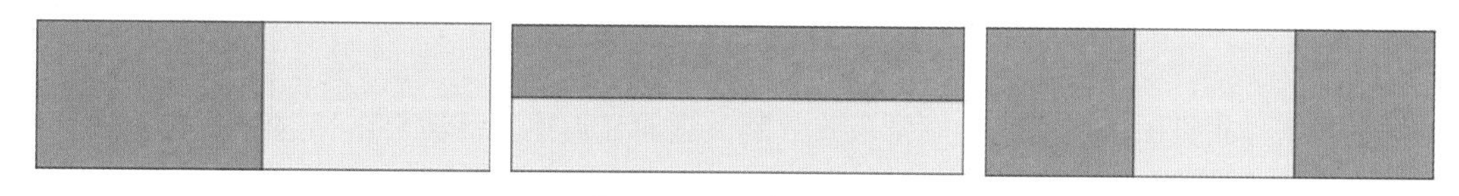

图 7–2–3　直线分割

直线给人以简洁、有力、稳固、温和、惬意的感觉，直线分割可以让广告版面设计严肃、理性起来，但有时也容易使广告显得呆板生硬，不过可以通过文案编排打破这种生硬。一般男性服饰类商品海报可以采用直线版式分割。

2. **斜线分割**

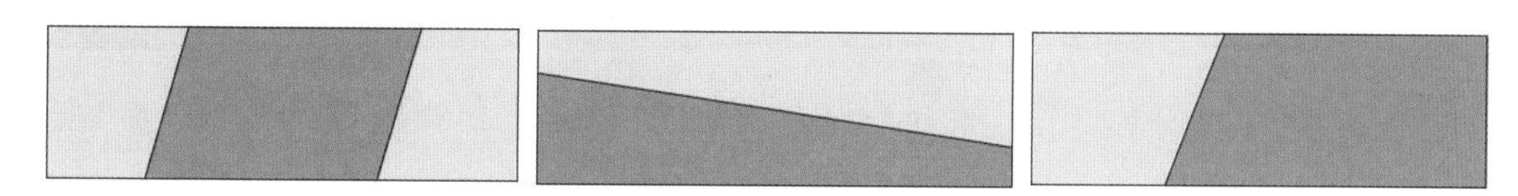

图 7–2–4　斜线分割

斜线通常给人以积极、飞跃、活泼的感觉，让版面更具速度感和动感，一般促销活动类海报可用斜线版式分割。

3. **三角形分割**

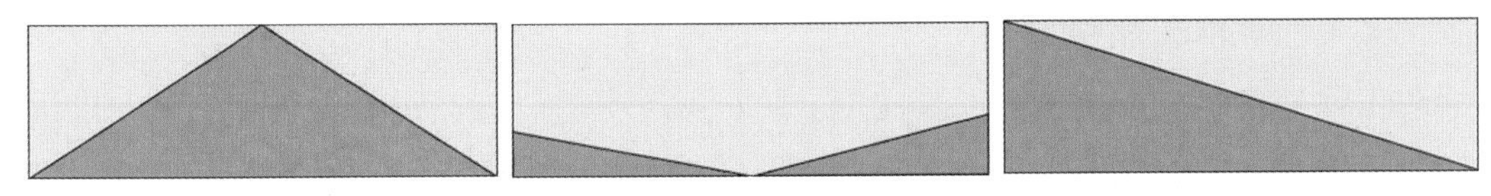

图 7-2-5　三角形分割

等边三角形给人稳定、沉静的视觉感受；锐角三角形给人以动感、向上、刺激的感觉；倒三角形具有一种不稳定感，从而令画面显得更加活泼。三角形版式分割使得海报在视觉上冲击性较强，更具张力，通常运用在电器、爆款推荐等促销中。

4. **圆形分割**

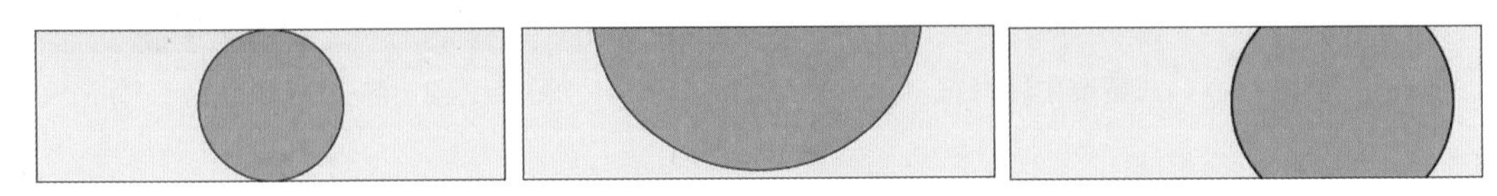

图 7-2-6　圆形分割

与三角形分割相比，圆形分割给人饱满、富有张力、可爱、灵动的感觉，画面更有亲和力。圆形最能突出视觉中心，常见于母婴类及各种节日主题。

5. **不规则形分割**

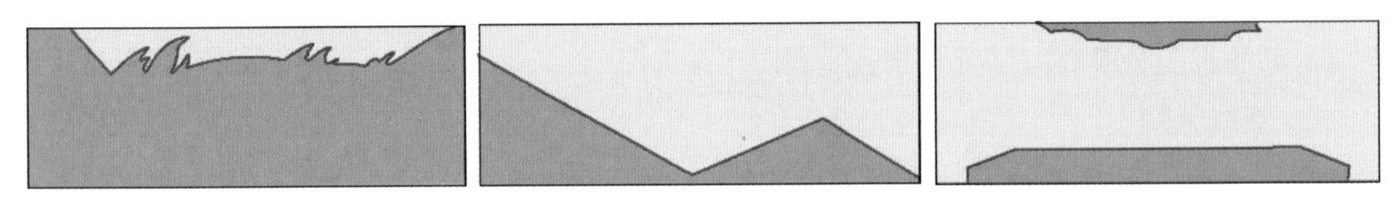

图 7-2-7　不规则形分割

不规则形状打破了前面几种规则板式分割，画面显得更为活泼自由，这种板式运用起来更有难度，通常用在店铺活动、双十一促销等主题上。

以上几种常见版式分割，有规则形和不规则形。除此之外，还可以用具象的物体来分割海报版面，在运用版式分割时可以多做尝试，也可以将版式做出来后，加入文案、商品图片后再稍做调整，如图 7-2-8 所示。

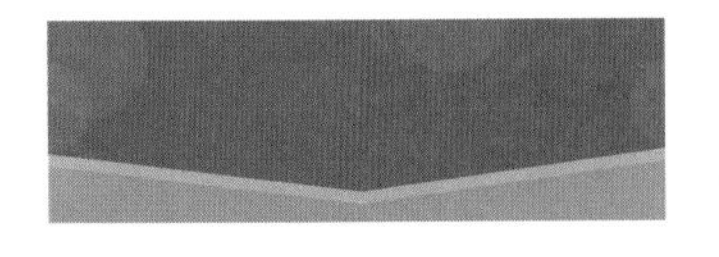

a．确定三角形版式分割

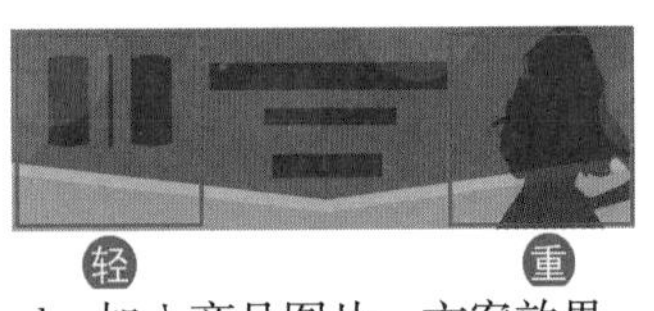

b．加入商品图片、方案效果

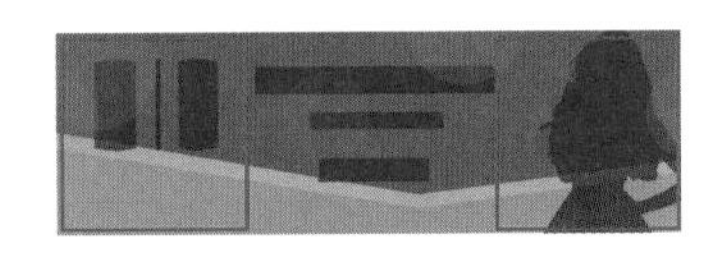

c．调整版式，使海报画面均衡

图 7-2-8

7.2.3 海报版面布局

海报版面布局是指海报的整体构图，包括文案、商品、模特等在版面上的整体排版效果。版面布局既要突出主要信息，传达商品的促销点，又要使海报版面布局均衡和谐。

海报中最主要的元素就是商品图片和文案，为了让商品与文案组合编排更加合理，设计者至少要掌握以下几种版面布局方式。

1. 上下布局

上下布局较常见的是上字下图的布局，如图 7-2-9 所示就是上为文案，下为商品加文案的布局方式上下版面布局较难把控，一般有模特的商品较少用到这种布局方式。

图 7-2-9

2. 左中右布局

左中右的版面布局是最常用的海报布局之一，这种布局层次丰富，特别适合带有模特和商品要素的海报设计。如图 7-2-10 所示。

图 7-2-10

3. 左右布局

图 7-2-11

左右布局在海报设计中最常见，一般为文案在左或是文案在右，左右比例通常是对半分或者三等分，如图 7-2-12 所示。

图 7-2-12

4. **中心聚焦布局**

中心聚焦布局比较容易出效果，与其他版面布局不同，中心聚集布局是由中心向周围扩张，大多数这种布局的海报设计会将模特或者商品放到中心位置，并且使用这种版面布局通常会将文案拆分开来放到模特或者商品两边以突出商品。如图 7-2-13 所示。

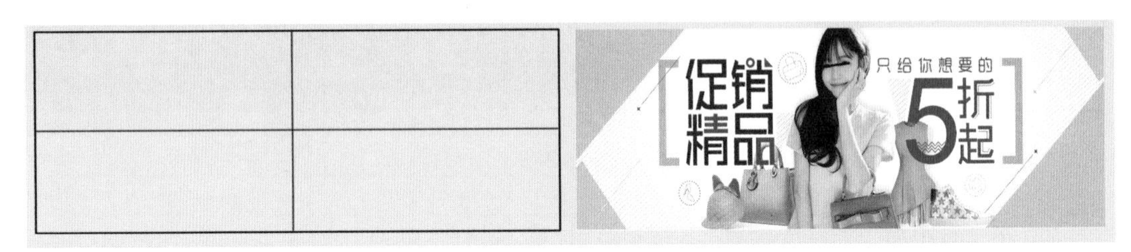

图 7-2-13

7.2.4 海报色彩搭配

网店首页海报的色彩搭配一般分为主色调、辅助色、点缀色三种，所有色彩的搭配是为了使得海报整体效果协调，色彩搭配的黄金法则为 70：25：5，即主色调占 70%，辅助色占 25%，点缀色占 5% 的比例。一般情况下建议画面色彩不超过 3 种，3 种是指 3 种不同色相的颜色，比如黄绿蓝分别为三种色相，主色调、辅助色、点缀色三种色彩的比例图如图 7-2-14 所示，三种色彩运用到海报的效果如图 7-2-15 所示。

图 7-2-14

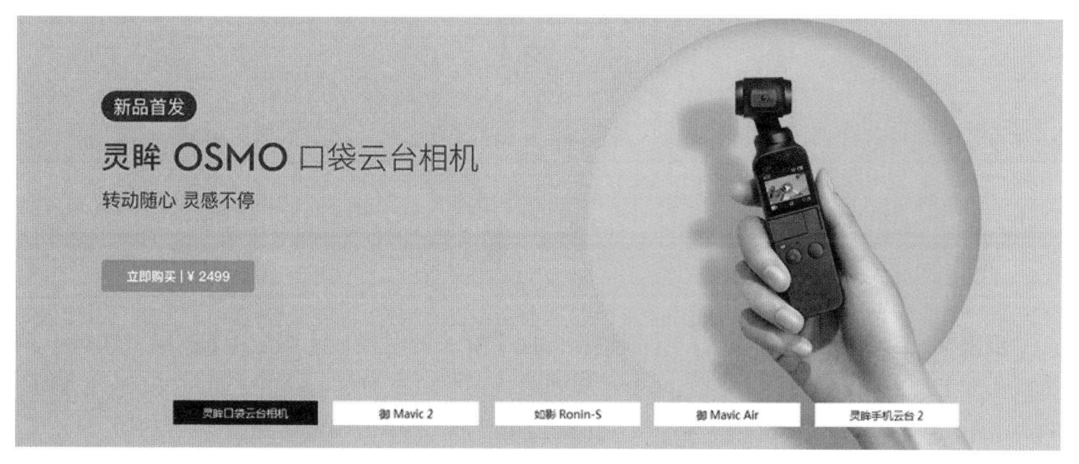

图 7-2-15

7.3 海报的制作步骤及技巧

7.3.1　净享新呼吸海报设计

素材位置：素材 / 文字 .png、净化器 .png、绿叶 .png

视频位置：视频 /7.3.1 净享新呼吸海报设计 .avi

源文件位置：源文件 /7.3.1 净享新呼吸海报设计 .psd

本案例讲解净享新呼吸海报制作方法，该海报运用了斜线分割的版式设计，画面青春动感，同时版面采用了左右布局的方式，整体设计以柔和清新的色调、醒目的文案搭配绿叶衬托出空气净化加湿器洁净、环保的卖点，给人清新舒爽的视觉感受，最终效果如图 7-3-1 所示。

图 7-3-1

步骤 1　按 Ctrl+N 组合键执行新建文件命令，新建【宽度】为 950 像素、【高度】为 300 像素的画布，并将画布填充为浅蓝色（R:127，G:208，B:235），如图 7-3-2 所示。

图 7-3-2

步骤 2 单击图层面板下方的【创建新图层】，此时生成【图层 1】图层，选择【多边形套索工具】，在画布中绘制一个不规则形状，并填充为黄色（R:235，G:215，B:42），双击【图层 1】图层—【投影】，将【不透明度】改为 15，单击确定后如图 7-3-3 所示。

图 7-3-3

步骤 3 按 Ctrl+O 组合键执行打开文件命令，打开“文字 .png”文件，将打开的素材拖入画布中合适的位置并调整大小及角度，此时生成【图层 2】图层，如图 7-3-4 所示。

图 7-3-4

步骤 4 选择工具箱中的【横排文字工具】，在合适的位置添加文字，如图 7-3-5 所示。

图 7-3-5

步骤 5　选择工具箱中的【矩形工具】，在选项栏中将【填充】改为绿色（R:49，G:164，B:157），在【超细水雾 / 净化加湿】文字图层下绘制一个矩形，效果如图 7-3-6 所示。

图 7-3-6

步骤 6　按 Ctrl+O 组合键执行打开文件命令，打开“净化器 .png”文件，将打开的素材拖入画布中合适的位置并调整大小，此时生成【图层 3】图层，如图 7-3-7 所示。

图 7-3-7

步骤 7　选中【图层 3】图层，按 Ctrl+J 组合键执行图层拷贝新建命令，此时生成【图层 3 副本】图层，将【图层 3 副本】图层移动至【图层 3】图层的下方。再按 Ctrl+T 组合键将图形调整至合适大小，按 Ctrl+U 组合键调【出色相 / 饱和度】面板，将【色相】改为 –56，设置参数如图 7-3-8 所示，效果如图 7-3-9 所示。

图 7-3-8

图 7-3-9

步骤 8　用上述同样的方式复制出【图层 3 副本 2】图层至左侧，【色相】改为 –88，效果如图 7-3-10 所示。

图 7-3-10

步骤 9 选中【图层 3】图层，按 Ctrl+J 组合键执行图层拷贝新建命令，然后按 Ctrl+T 组合键，单击【鼠标右键】—【垂直翻转】，并将图形移动至合适的位置。重复上述步骤，完成其余图形的复制与翻转，同时将复制出来的图层合并后命名为【倒影】，如图 7-3-11 所示。

图 7-3-11

步骤 10 选中【倒影】图层，然后选择工具箱中的【橡皮擦工具】，选择柔角画笔，适当擦除图形以形成倒影效果，如图 7-3-12 所示。

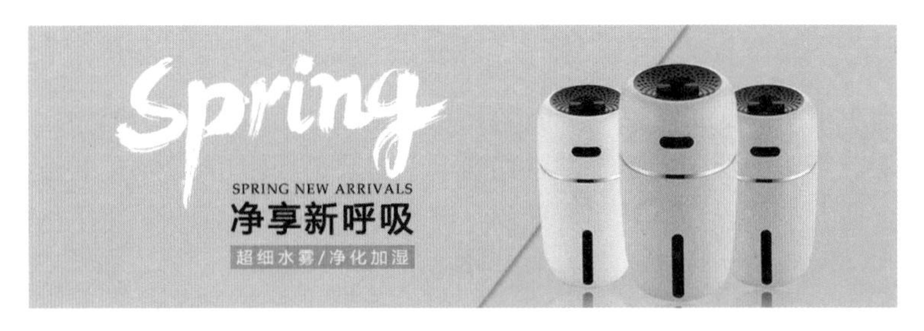

图 7-3-12

步骤 11 按 Ctrl+O 组合键执行打开文件命令，打开“绿叶 .png”文件，将打开的素材拖入画布中合适的位置并调整大小，此时生成【图层 4】图层，如图 7-3-13 所示。

图 7-3-13

步骤 12　复制【图层 4】图层，并调整至合适位置及大小，最终效果如图 7-3-14 所示。

图 7-3-14

7.3.2　双十二年终盛典海报设计

素材位置：素材 /12.12.png、特效 .png

视频位置：视频 /7.3.2 双十二年终盛典海报设计 .avi

源文件位置：源文件 /7.3.2 双十二年终盛典海报设计 .psd

本案例讲解双十二年终盛典海报制作方法，该海报运用了圆形分割版式设计以及中心聚焦的版面布局方式，整个视觉点集中在海报正中间位置，配以醒目的白色立体文字，重点突出“12.12 年终盛典”的活动主题。海报以紫色为主色调，并选择黄色作为点缀色，整体视觉冲击力强，容易吸引顾客关注，最终效果如图 7-3-15 所示。

图 7-3-15

步骤 1　按 Ctrl+N 组合键执行新建文件命令，新建【宽度】为 1 920 像素、【高度】为 600 像素的画布。并将画布填充为紫色（R:174，G:30，B:203），如图 7-3-16 所示。

图 7-3-16

步骤 2 选择工具箱中的【多边形工具】，在选项栏中将【工具模式】改为形状，【填充】改为紫色（R:190，G:74，B:213），【宽高】改为 W：600 像素、H：442 像素，【边数】改为 3，在合适的位置绘制一个三角形，此时生成【多边形 1】图层，如图 7–3–17 所示。

图 7–3–17

步骤 3 选中【多边形 1】图层，按 Ctrl+J 组合键执行图层拷贝新建命令，此时生成【多边形 1 副本】图层，在选项栏中将【填充】改为紫色（R:180，G:50，B:208），调整图形至合适位置，如图 7–3–18 所示。

图 7–3–18

步骤 4 按 Ctrl+J 组合键执行图层拷贝新建命令，多次复制图形并调整图形至合适大小及适当位置，如图 7–3–19 所示。

图 7–3–19

步骤 5 按 Ctrl+R 组合键执行打开标尺命令，从标尺处拉出十字线，找出海报中心点，选择工具箱中的【椭圆工具】，在选项栏中将【填充】改为黄色（R:230，G:193，B:52）到绿色（R:149，G:154，B:76）的渐变色，在辅助线中心点处绘制正圆，此时生成【椭圆 1】图层，如图 7–3–20 所示。

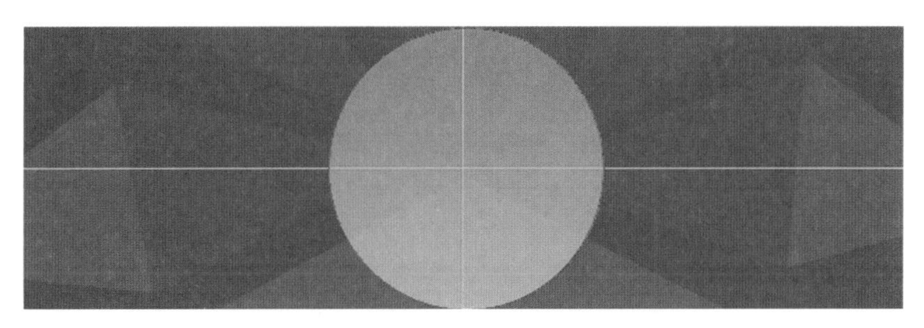

图 7-3-20

步骤 6　选中【椭圆 1】图层，按 Ctrl+J 组合键，此时生成【椭圆 1 副本】图层，选择【椭圆工具】，将【填充】改为蓝紫色（R:170，G:22，B:218）到红紫色（R:196，G:22，B:234）的渐变色，按 Ctrl+T 组合键，将圆形调整至合适大小及适当位置，如图 7-3-21 所示。

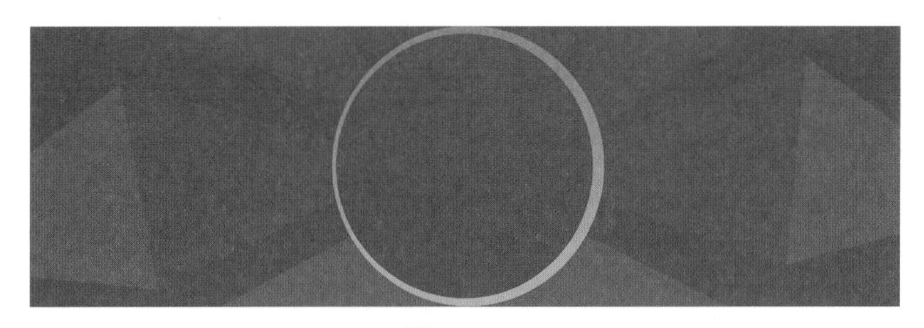

图 7-3-21

步骤 7　选中【椭圆 1 副本】图层，按 Ctrl+J 组合键，此时生成【椭圆 1 副本 2】图层，选择【椭圆工具】，将【填充】改为粉色（R:233，G:79，B:251），按 Ctrl+T 组合键，将圆形调整至合适大小及适当位置，如图 7-3-22 所示。

图 7-3-22

步骤 8　重复以上步骤，分别绘制紫色（R:128，G:31，B:239）和蓝色（R:109，G:193，B:253）圆形，调整其大小及位置，如图 7-3-23 所示。

图 7-3-23

步骤 9 双击【椭圆 1】图层 —【外发光】，设置参数如图 7-3-24 所示。将【椭圆 1】图层的图层样式分别应用于【椭圆 1 副本 2】图层、【椭圆 1 副本 4】图层，如图 7-3-25 所示。

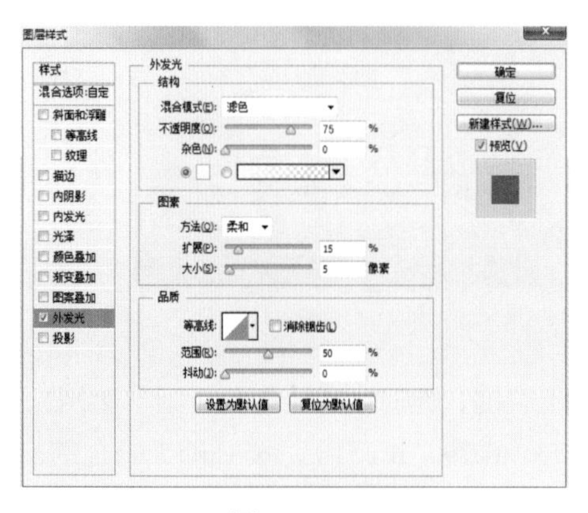

图 7-3-24

图 7-3-25

步骤 10 按 Ctrl+O 组合键执行打开文件命令，打开“12.12.png”文件，将打开的素材拖入画布中合适的位置并调整大小，此时生成【图层 1】图层，并为该图层添加投影，如图 7-3-26 所示。

图 7-3-26

步骤 11　选择工具箱中的【横排文字工具】T，在选项栏中将【字体】改为黑体，【颜色】改为白色，在合适的位置添加文字，如图 7-3-27 所示。

图 7-3-27

步骤 12　选中【年终盛典】文字图层，单击【鼠标右键】—【转换为形状】，选择【直接选择工具】，适当调整文字路径进行变形，如图 7-3-28 所示。

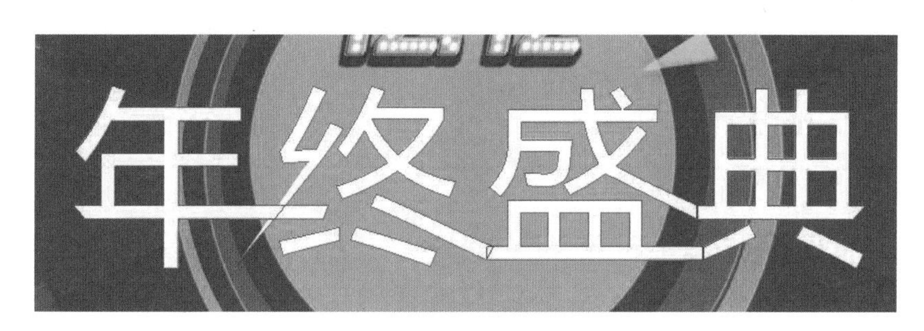

图 7-3-28

步骤 13　双击【年终盛典】文字图层，弹出图层样式面板，分别选中【描边】【内阴影】【投影】复选框，设置参数如图 7-3-29、图 7-3-30、图 7-3-31 所示。单击确定后效果如图 7-3-32 所示。

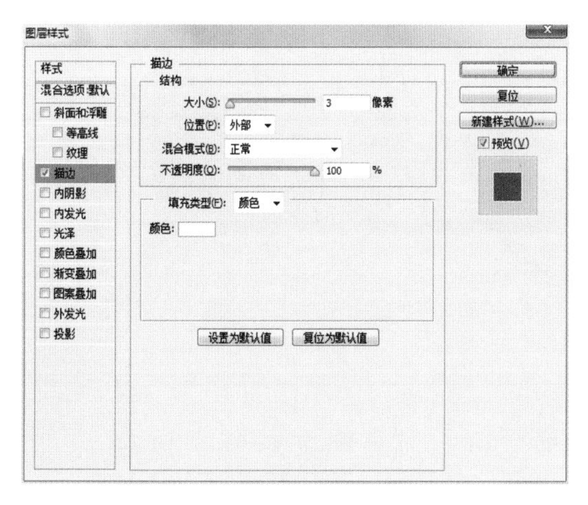

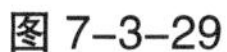
图 7-3-29

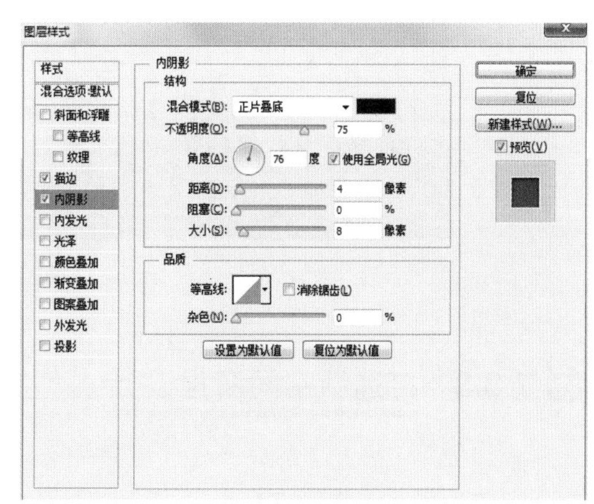

图 7-3-30

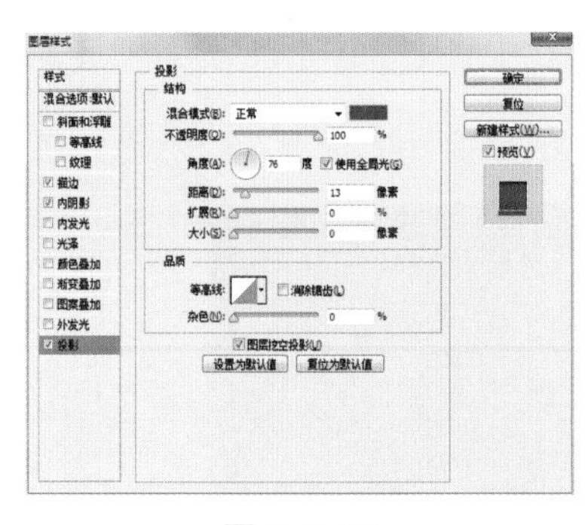

图 7-3-31

图 7-3-32

步骤 14 选择工具箱中的【圆角矩形工具】，在选项栏中将【填充】改为黄色（R:255，G:255，B:0），【半径】改为 15 像素，在合适位置分别绘制两个圆角矩形并添加文字，如图 7-3-33 所示。

图 7-3-33

步骤 15 按 Ctrl+O 组合键执行打开文件命令，打开“特效 .png”文件，将打开的素材拖入画布中合适的位置并调整大小，最终效果如图 7-3-34 所示。

图 7-3-34

7.3.3 打造新空间海报设计

素材位置：素材 / 光斑 .png、三角形 .png、刷子 .png、优惠券 .png、油漆 .png

视频位置：视频 /7.3.3 打造新空间海报设计 .avi

源文件位置：源文件 /7.3.3 打造新空间海报设计 .psd

本案例讲解打造新空间海报制作方法。该海报运用了不规则形分割的版式设计，画面显得年轻、活泼、自由，还运用了左中右的版面布局方式，使整个画面富有层次感。海报以灰色、黄色为主色调，搭配紫色作为点缀色，整体视觉冲击力强，契合海报主题，最终效果如图 7–3–35 所示。

图 7–3–35

步骤 1　按 Ctrl+N 组合键执行新建文件命令，新建【宽度】为 1 920 像素、【高度】为 600 像素的画布。

步骤 2　单击图层面板下方的【创建新图层】，此时生成【图层 1】图层，设置前景色为灰色（R:169，G:169，B:169），选择【画笔工具】，按下 F5，选择柔角画笔，将【画笔大小】改为 450 像素，在画布上绘制如图 7–3–36 所示图形。

图 7–3–36

步骤 3　执行菜单栏中的【滤镜】—【风格化】—【凸出】，设置参数如图 7–3–37 所示。调整【图层 1】透明度至 55%，如图 7–3–38 所示。

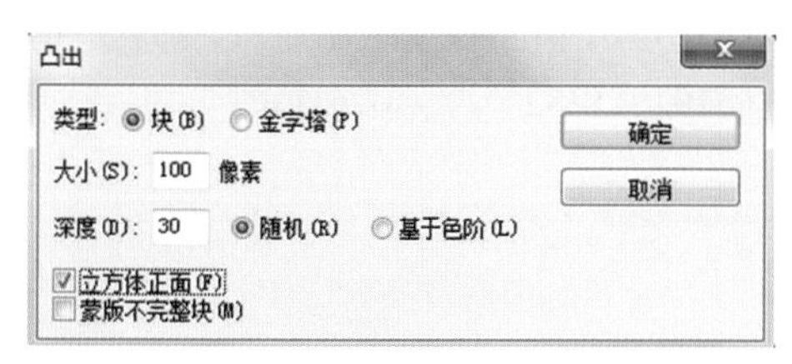

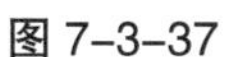
图 7–3–37

图 7–3–38

步骤 4 单击图层面板下方的【创建新图层】，此时生成【图层 2】图层，选择【画笔工具】，在选项栏中将【不透明度】改为 30%，在画布上绘制如图 7-3-39 所示选区区域的图形，效果如图 7-3-40 所示。

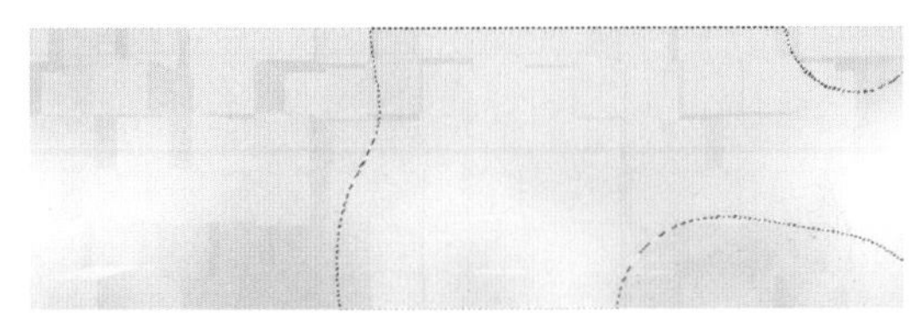

图 7-3-39

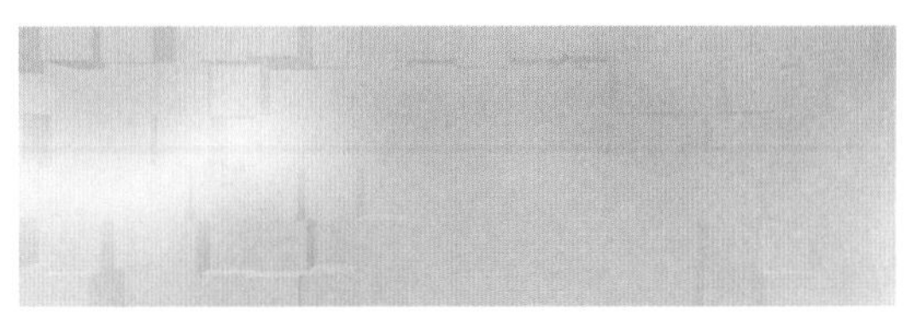

图 7-3-40

步骤 5 单击图层面板下方的【创建新图层】，此时生成【图层 3】图层，选择【画笔工具】，在选项栏上将【不透明度】改为 30%，设置前景色为白色，在画布上绘制出白色高光，如图 7-3-41 所示。

图 7-3-41

步骤 6 单击图层面板下方的【创建新图层】，此时生成【图层 4】图层，选择【多边形套索工具】，在画布上绘制出如图 7-3-42 所示形状，设置前景色为黄色（R:232，G:199，B:57），按下 Alt+Del 键执行填充前景色命令，效果如图 7-3-43 所示。

图 7-3-42

图 7-3-43

步骤 7 重复步骤 6，设置前景色为黄色（R:210，G:176，B:43），绘制出如图 7-3-44 所示图形。重复步骤 6，设置前景色为黄色（R:224，G:191，B:52），绘制出如图 7-3-45 所示图形。

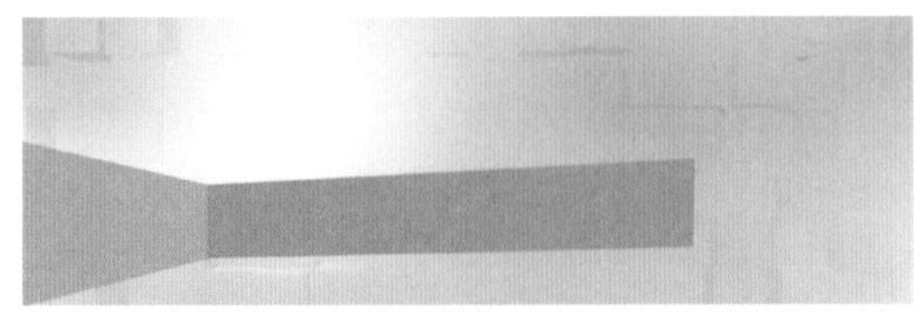

图 7-3-44

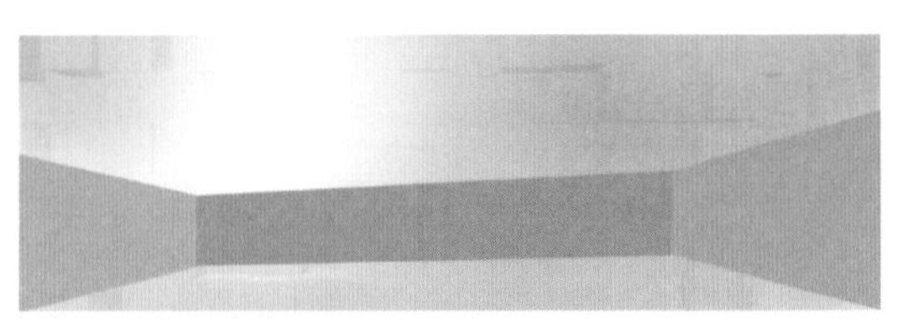

图 7-3-45

步骤 8　选择工具箱中的【椭圆工具】，在选项栏中将【填充】改为红紫色（R:114，G:0，B:65），在合适的位置绘制一个正圆，如图 7–3–46 所示。

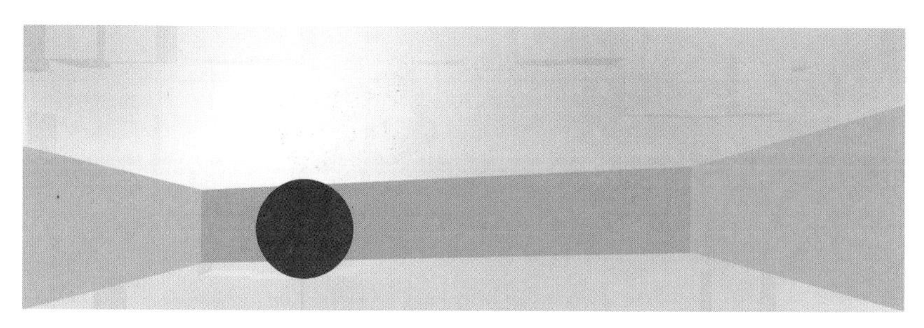

图 7–3–46

步骤 9　选择工具箱中的【横排文字工具】，在合适的位置添加文字，如图 7–3–47 所示。

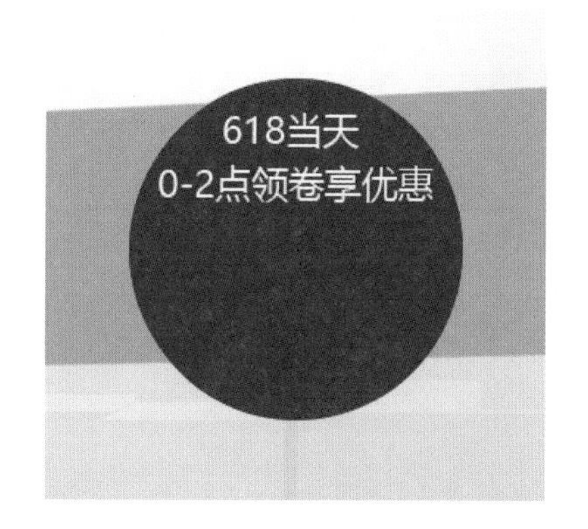

图 7–3–47

步骤 10　按 Ctrl+O 组合键执行打开文件命令，打开“优惠券 .png”文件，将打开的素材拖入画布中合适的位置并调整大小，如图 7–3–48 所示。

图 7–3–48

步骤 11 按 Ctrl+O 组合键执行打开文件命令，打开“油漆 .png”文件，将打开的素材拖入画布中合适的位置并调整大小，如图 7-3-49 所示。

图 7-3-49

步骤 12 按 Ctrl+O 组合键执行打开文件命令，打开“刷子 .png”文件，将打开的素材拖入画布中合适的位置并调整大小，此时生成【图层 9】。双击【图层 9】图层—【投影】，设置参数如图 7-3-50 所示。效果如图 7-3-51 所示。

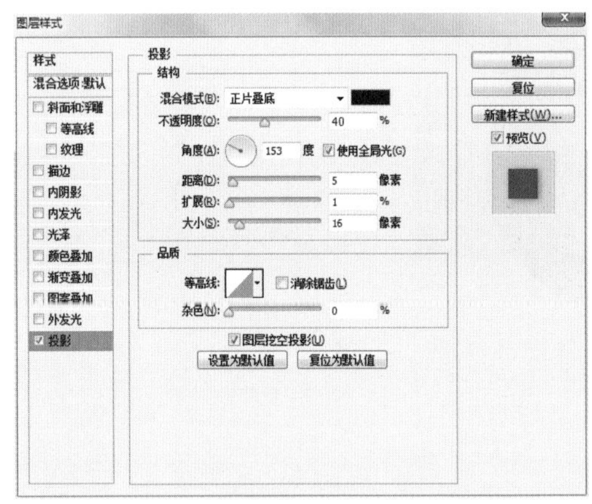

图 7-3-50

图 7-3-51

步骤 13 选择工具箱中的【直线工具】，在合适的位置绘制一条斜线，如图 7-3-52 所示。单击【鼠标右键】—【栅格化图层】，选择【橡皮擦工具】，擦除部分线条，如图 7-3-53 所示。

图 7-3-52

图 7-3-53

步骤 14 选择【横排文字工具】，在选项栏中将【字体】改为方正超粗黑简体，【大小】改为 38 点，【颜色】改为黑色，在合适的位置添加文字，如图 7-3-54 所示。

图 7–3–54

步骤 15　按 Ctrl+O 组合键执行打开文件命令，打开“光斑 .png”文件，将打开的素材拖入画布中合适的位置并调整大小。按 Alt+Ctrl+G 组合键创建剪贴蒙版，为【打造新空间】文字图层添加剪贴蒙版，如图 7–3–55 所示。

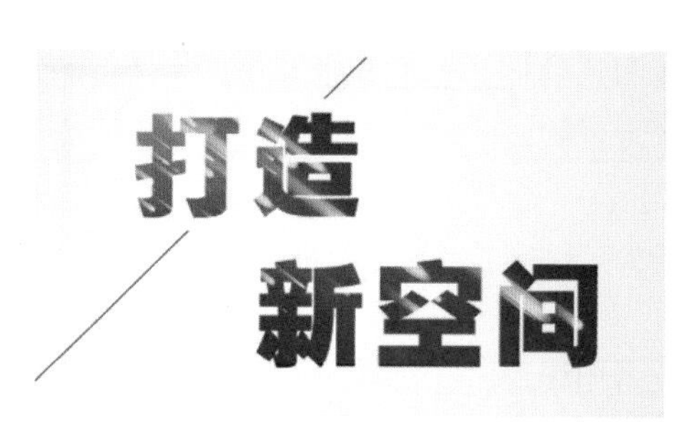

图 7–3–55

步骤 16　选择工具箱中的【横排文字工具】T，在合适的位置添加文字，如图 7–3–56 所示。

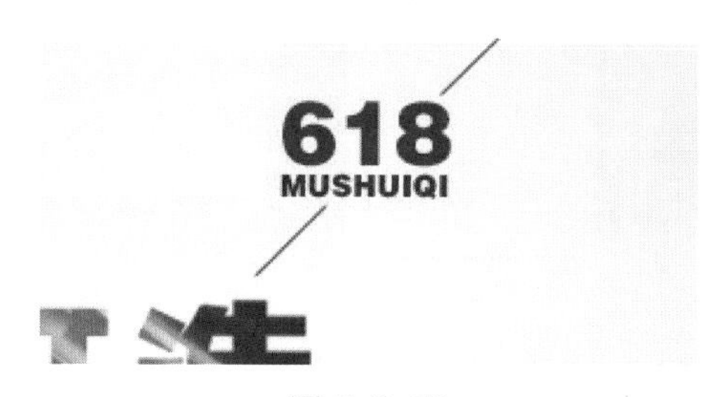

图 7–3–56

步骤 17　按 Ctrl+O 组合键执行打开文件命令，打开“三角形 .jpg”文件，将打开的素材拖入画布中合适的位置并调整大小，最终效果如图 7–3–57 所示。

图 7–3–57

第 8 章 详情页设计与制作

商品详情页的作用是对商品的功能、特点、材质、尺寸、细节、使用方法等方面进行展示。在网店运营中，做好宝贝详情页很重要，一个好的详情页，是促进商品成交的重要因素之一；产品详情页是提高转化率的入口，能激发顾客的消费欲望，树立顾客对店铺的信任感，打消顾客的消费疑虑，促使顾客下单。

各个电商平台对详情页图片的尺寸要求有所不同，详情页的图片设计要根据具体的参数来定义。一般淘宝电脑端详情页的最佳尺寸为宽度 750 像素，高度不限；天猫电脑端详情页的最佳尺寸为宽度 790 像素，高度不限。本章主要以淘宝平台的详情页设计为案例进行讲解，虽然详情页的高度不限，但为了给客户更优的体验、更快的加载速度，一般需要将详情页切片后进行拼接发布。

本章将概述店铺详情页常用模块，让读者了解详情页的基本内容，并进行具体案例的创作介绍。读者可以通过对本章的学习来领会详情页的整体设计技巧，并掌握详情页的整体制作方法。

学习目标

1. 商品参数设计与制作；
2. 商品展示设计与制作；
3. 商品细节展示设计与制作。

8.1 商品参数设计与制作

产品参数往往出现在详情页的头部或尾部，综合呈现商品的配置详情，让买家对产品有一个基本的了解。具体和精确的参数让买家对产品有量化的概念，有利于减少交易纠纷，减少客服的工作量。

8.1.1 女包商品参数设计

素材位置：素材 / 女包 .png

视频位置：视频 /8.1.1 女包商品参数设计 .avi

源文件位置：源文件 /8.1.1 女包商品参数设计 .psd

本案例讲解女包详情页设计中的商品参数设计部分，以商品的颜色——深红色作为主色调，配以线条进行装饰，展现女性的特征。同时用图解的方式表现产品的一些直观特征，搭配具体、醒目的文案，向顾客准确地传达商品信息，最终效果如图 8–1–1 所示。

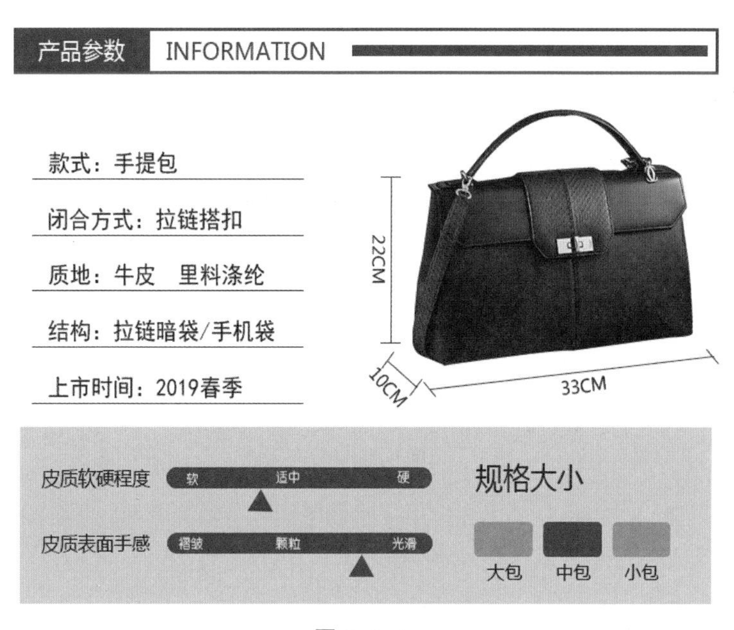

图 8–1–1

步骤 1　按 Ctrl+N 组合键执行新建文件命令，新建【宽度】为 750 像素、【高度】为 600 像素的画布。

步骤 2　选择工具箱中的【矩形工具】▢，在选项栏中将【填充】改为红色（R: 171，G:0，B: 16），【描边】改为无，在合适的位置绘制一个矩形，此时生成【矩形 1】图层。选中【矩形 1】图层，按 Ctrl+J 组合键执行图层拷贝新建命令，此时生成【矩形 1 副本】图层，然后在选项栏中将【填充】改为白色，【描边】改为红色，【形状描边宽度】改为 3 点，再按 Ctrl+T 组合键执行自由变换命令，将图形向右缩放，如图 8–1–2 所示。

图 8–1–2

步骤 3　用上述同样的方法绘制一个矩形，然后选择工具箱中的【横排文字工具】T，在合适的位置添加文字，如图 8–1–3 所示。

产品参数　INFORMATION

图 8-1-3

步骤 4　选择工具箱中的【直线工具】，在选项栏中将【填充】改为黑色，【描边】改为无，【粗细】改为 1 像素，在合适的位置绘制一条直线，此时生成【形状 1】图层。再按 Ctrl+J 组合键，多次复制直线并对齐排列，如图 8-1-4 所示。

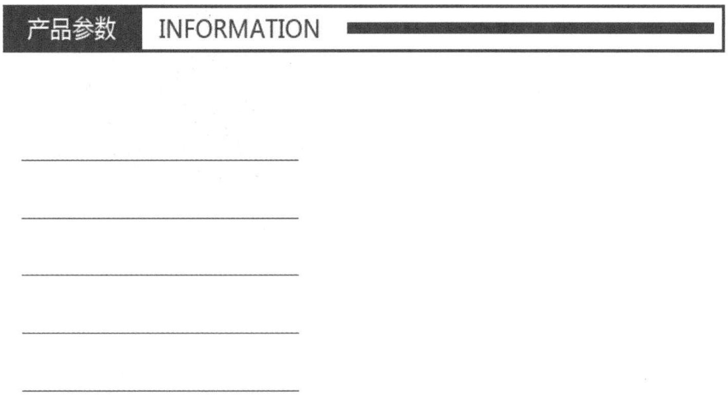

产品参数　INFORMATION

图 8-1-4

步骤 5　选择工具箱中的【横排文字工具】，在合适的位置添加文字，如图 8-1-5 所示。

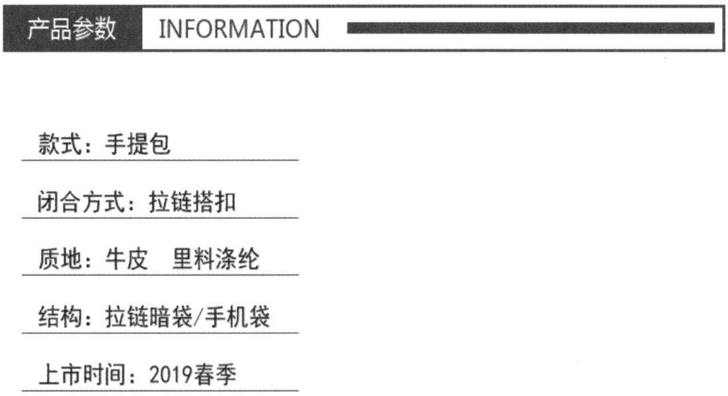

产品参数　INFORMATION

款式：手提包

闭合方式：拉链搭扣

质地：牛皮　里料涤纶

结构：拉链暗袋/手机袋

上市时间：2019春季

图 8-1-5

步骤 6　按 Ctrl+O 组合键执行打开文件命令，打开“女包 .png”文件，将打开的素材拖入画布中合适的位置并调整大小。选择工具箱中的【直线工具】，在选项栏中将【填充】改为黑色，【描边】改为无，【粗细】改为 1 像素，绘制标尺线并添加文字，如图 8-1-6 所示。

产品参数　INFORMATION

款式：手提包

闭合方式：拉链搭扣

质地：牛皮　里料涤纶

结构：拉链暗袋/手机袋

上市时间：2019春季

图 8–1–6

步骤 7　选择工具箱中的【矩形工具】，在选项栏中将【填充】改为粉红色（R: 254，G:204，B: 207)，【描边】改为无，在合适的位置绘制一个矩形，此时生成【矩形 3】图层。再选择【圆角矩形工具】，在选项栏中将【填充】改为红色（R: 171，G:0，B: 16)，【描边】改为无，【半径】改为 10 像素，在合适的位置绘制两个圆角矩形，如图 8–1–7 所示。

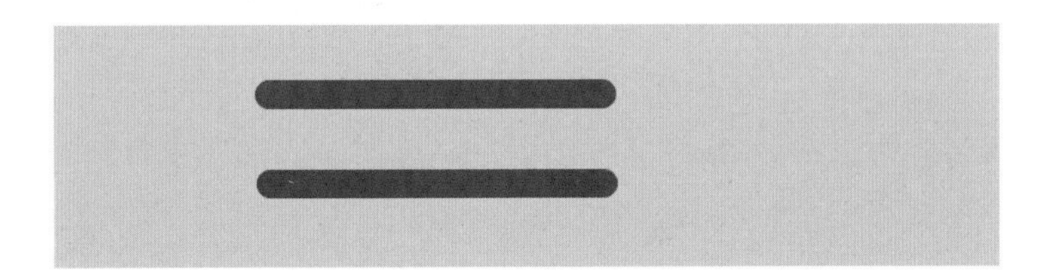

8–1–7

步骤 8　选择工具箱中的【横排文字工具】，在合适的位置添加文字，如图 8–1–8 所示。

图 8–1–8

步骤 9　选择工具箱中的【多边形工具】，将【填充】改为红色（R: 171，G:0，B: 16)，【描边】改为无，【边】改为 3，在合适的位置绘制两个三角形滑块，如图 8–1–9 所示。

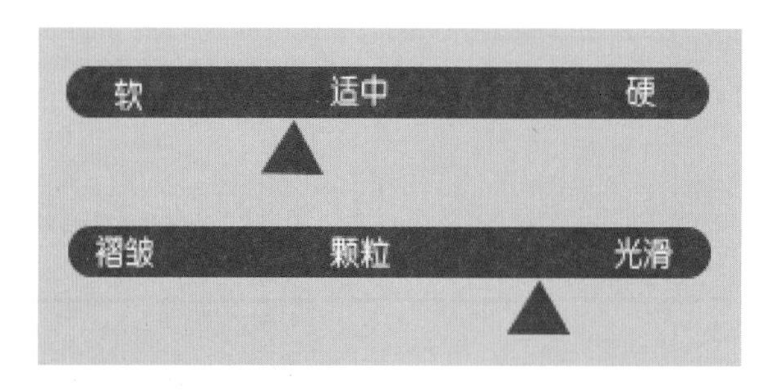

图 8-1-9

步骤 10 用上述同样的方式绘制三个圆角矩形并添加文字，最终效果如图 8-1-10 所示。

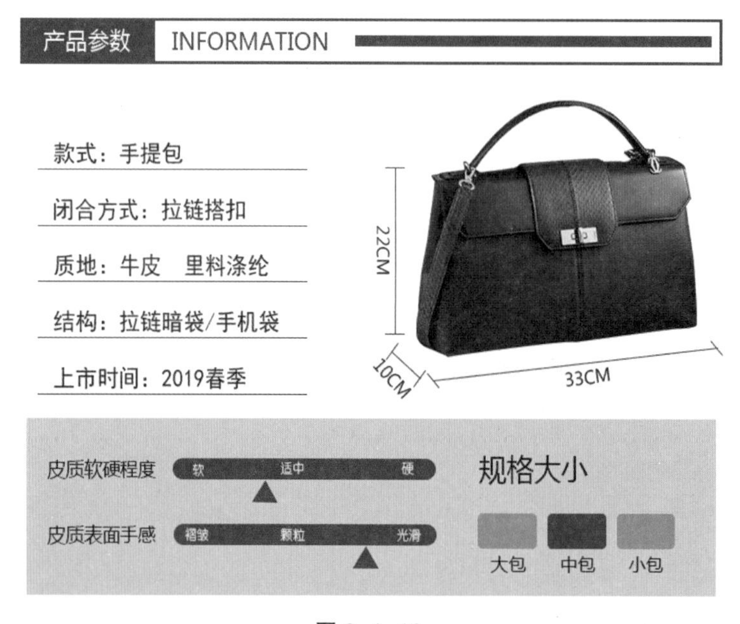

图 8-1-10

8.1.2 女装商品参数设计

素材位置：素材 / 女装 .png、女装参数 .xlsx

视频位置：视频 /8.1.2 女装商品参数设计 .avi

源文件位置：源文件 /8.1.2 女装商品参数设计 .psd

本案例讲解女装详情页设计中的商品参数设计部分，整体画面以产品的颜色黑色作为主色调，体现出产品简洁大气的特点，效果如图 8-1-11 所示。在网上销售服装，准确地展示尺寸等信息是非常必要的。参数的展示方式主要有三种：一是以文字列举的方式展示，二是以图解的方式展示，三是以表格的方式展示。通过多种方式展示参数信息，能较好地向客户传达产品信息，提升购物体验。

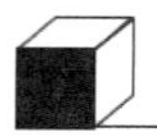

产品参数信息

货号：08321　　颜色：黑色
设计师：LY　　版式：KATE
尺码：S/M/L/XL/XXL
面料：100%聚酯纤维

厚度指数
长度指数
弹力指数
版型指数

尺码	肩宽 /cm	胸围 /cm	腰围 /cm	摆围 /cm	袖长 /cm	袖口/cm
S	36	88	72	72	22	31.5
M	37	90	74	74	22.5	32.5
L	38	94	78	78	23	33.5
XL	39	98	82	82	23.5	34.5
XXL	40	102	86	86	24	35.5

图 8-1-11

步骤 1　按 Ctrl+N 组合键执行新建文件命令，新建【宽度】为 750 像素、【高度】为 800 像素的画布。

步骤 2　选择工具箱中的【矩形工具】，在选项栏中将【填充】改为黑色，【描边】改为无，在合适的位置绘制一个正方形，此时生成【矩形 1】图层，如图 8-1-12 所示。

图 8-1-12

步骤 3　选中【矩形 1】图层，按 Ctrl+J 组合键执行图层拷贝新建命令，此时生成【矩形 1 副本】图层，在选项栏中将【填充】改为无，【描边】改为黑色，【形状描边宽度】改为 1 点，然后按 Ctrl+T 组合键执行自由变换命令，将矩形框移动至矩形右侧并将宽缩小一半，如图 8-1-13 所示。单击【鼠标右键】—【斜切】，将矩形框进行适当斜切，如图 8-1-14 所示。

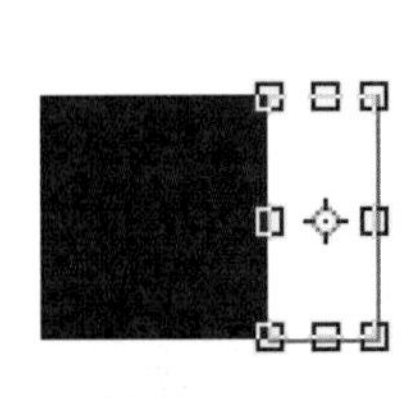

图 8–1–13

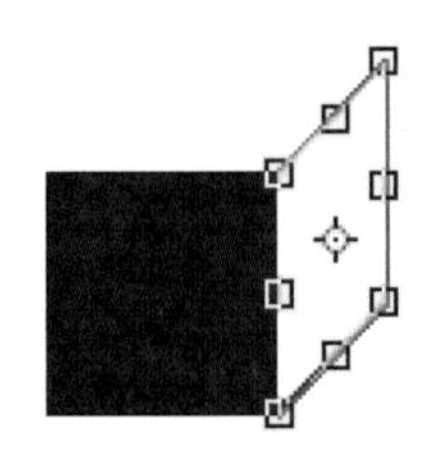

图 8–1–14

步骤 4 用上述同样的方式绘制出正方体的另一个面，如图 8–1–15 所示。

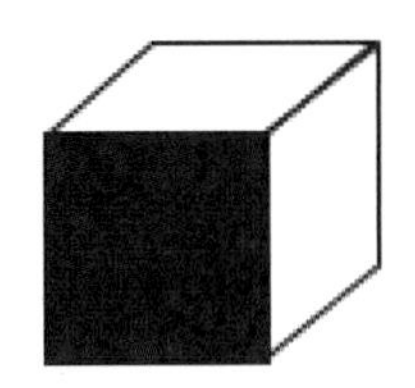

图 8–1–15

步骤 5 选择工具箱中的【直线工具】，在选项栏中将【填充】改为黑色，【描边】改为无，【粗细】改为 1 像素，在合适的位置绘制一条直线。然后选择【横排文字工具】，在合适的位置添加文字，如图 8–1–16 所示。

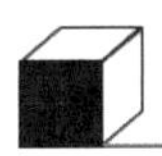

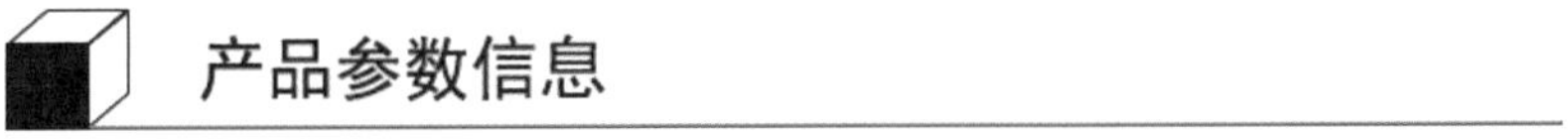

图 8–1–16

步骤 6 按 Ctrl+O 组合键执行打开文件命令，打开“女装 .png”文件，将打开的素材拖入画布中合适的位置并调整大小，如图 8–1–17 所示。

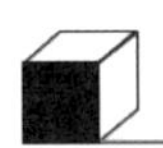

图 8–1–17

步骤 7　选择工具箱中的【横排文字工具】T，在合适的位置添加文字，如图 8-1-18 所示。

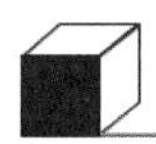

产品参数信息

货号：08321　　颜色：黑色
设计师：LY　　版式：KATE
尺码：S/M/L/XL/XXL
面料：100%聚酯纤维

图 8-1-18

步骤 8　选择工具箱中的【矩形工具】，在选项栏中将【填充】改为灰色（R: 150，G: 150，B: 150），【描边】改为无，在合适的位置绘制一个矩形，此时生成【矩形 2】图层。然后用上述同样的方式绘制一个黑色矩形，此时生成【矩形 3】图层，如图 8-1-19 所示。

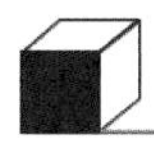

产品参数信息

货号：08321　　颜色：黑色
设计师：LY　　版式：KATE
尺码：S/M/L/XL/XXL
面料：100%聚酯纤维

图 8-1-19

步骤 9 按住 Shift 键的同时选中【矩形 2】和【矩形 3】图层，然后按 Ctrl+J 组合键，多次复制图形并对齐排列，同时适当调整黑色矩形的位置，如图 8-1-20 所示。

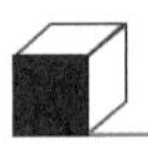

产品参数信息

货号：08321　　颜色：黑色
设计师：LY　　版式：KATE
尺码：S/M/L/XL/XXL
面料：100%聚酯纤维

图 8-1-20

步骤 10 选择工具箱中的【横排文字工具】T，在合适的位置添加文字，如图 8-1-21 所示。

产品参数信息

货号：08321　　颜色：黑色
设计师：LY　　版式：KATE
尺码：S/M/L/XL/XXL
面料：100%聚酯纤维

厚度指数
长度指数
弹力指数
版型指数

图 8-1-21

步骤 11　在提供的素材文件夹中，双击打开“女装 .xlsx”文件，拖动鼠标选中产品参数，如图 8-1-22 所示。然后按 Ctrl+C 组合键执行复制命令，回到 PS 工作页面中，单击图层面板下方的【创建新图层】，此时生成【图层 2】图层，再按 Ctrl+V 组合键执行粘贴命令，将表格粘贴到画布中，最终效果如图 8-1-23 所示。

尺码	肩宽 /cm	胸围 /cm	腰围 /cm	摆围 /cm	袖长 /cm	袖口 /cm
S	36	88	72	72	22	31.5
M	37	90	74	74	22.5	32.5
L	38	94	78	78	23	33.5
XL	39	98	82	82	23.5	34.5
XXL	40	102	86	86	24	35.5

图 8-1-22

产品参数信息

货号：08321　颜色：黑色
设计师：LY　版式：KATE
尺码：S/M/L/XL/XXL
面料：100%聚酯纤维

厚度指数
长度指数
弹力指数
版型指数

尺码	肩宽 /cm	胸围 /cm	腰围 /cm	摆围 /cm	袖长 /cm	袖口 /cm
S	36	88	72	72	22	31.5
M	37	90	74	74	22.5	32.5
L	38	94	78	78	23	33.5
XL	39	98	82	82	23.5	34.5
XXL	40	102	86	86	24	35.5

图 8-1-23

8.2 商品展示设计与制作

商品展示部分是详情页中的重要部分之一，一般通过商品实拍大图和情境图，直观地展现商品的形貌特征、功能特点、使用场景、颜色款式等信息，给顾客最真实的感受。通过焦点图营造场景氛围，吸引顾客的眼球，搭配恰到好处的营销文案，能够刺激顾客的购买欲望。

8.2.1 行李箱商品展示设计

素材位置：素材 / 背景 .jpg、正面 .png、侧面 .png、背面 .png、行李箱 1.png、行李箱 2.png、行李箱 3.png、行李箱 4.png、行李箱 5.png、百度综艺简体 .ttf、方正粗黑宋简体 .ttf

视频位置：视频 /8.2.1 行李箱商品展示设计 .avi

源文件位置：源文件 /8.2.1 行李箱商品展示设计 .psd

本案例讲解行李箱详情页设计中的商品展示部分，主要由三部分组成：一是商品的焦点图，以公路为背景，凸显商品的特征，搭配合适的文案刺激顾客的需求；二是对商品的各个角度进行展示，让顾客对商品有一个基本认知；三是对商品的颜色进行展示说明，给顾客提供更多的选择，最终效果如图 8–2–1 所示。

图 8–2–1

步骤 1 按 Ctrl+N 组合键执行新建文件命令，新建【宽度】为 750 像素、【高度】为 2 000 像素的画布。

步骤 2 按 Ctrl+O 组合键执行打开文件命令，打开“背景 .jpg”文件，将打开的素材拖入画布中合适的位置并调整大小。执行菜单栏中的【文件】—【置入】命令，将“侧面 .png”文件置入画布中合适的位置并调整大小，如图 8–2–2 所示。

图 8–2–2

步骤 3　单击图层面板下方的【创建新图层】，此时生成【图层 2】图层，然后选择工具箱中的【多边形套索工具】，在选项栏中将【羽化】改为 8 像素，用套索工具在行李箱下方绘制一个投影区域，如图 8-2-3 所示。然后填充黑色并适当调整图层透明度，如图 8-2-4 所示。

图 8-2-3

图 8-2-4

步骤 4　选择工具箱中的【横排文字工具】，在选项栏中将【字体】改为百度综艺简体，在合适的位置添加文字“伴你出发”。再在选项栏中将【字体】改为方正粗黑宋简体，在合适位置添加文字“知名品牌　值得信赖”。然后选择【直线工具】，在合适的位置添加两条白色直线，如图 8-2-5 所示。

图 8-2-5

步骤 5 同时选中文字和直线所在的图层，如图 8–2–6 所示，然后按 Ctrl+E 组合键执行图层合并命令，并将生成的图层名称改为【文案】，如图 8–2–7 所示。

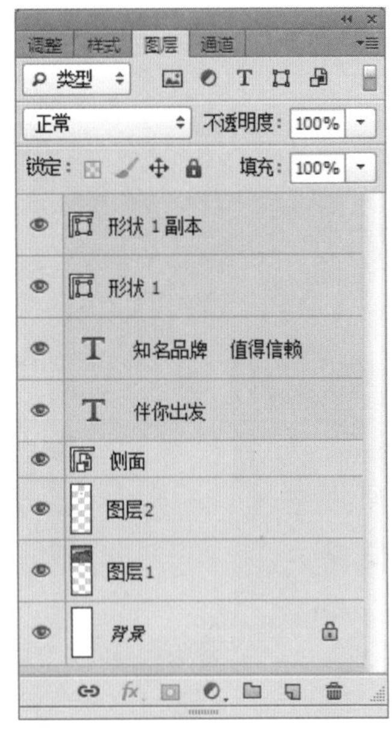

图 8–2–6

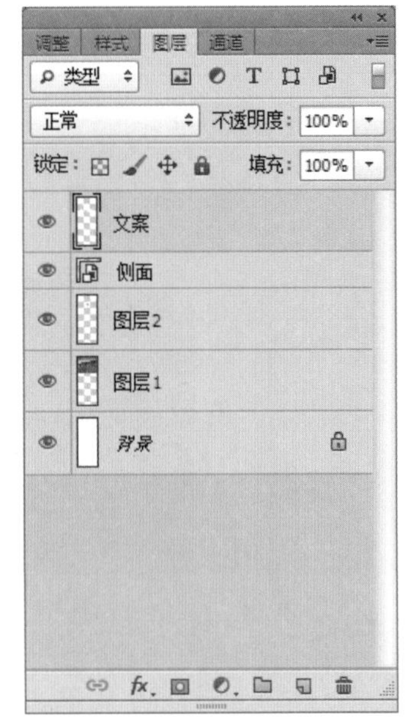

图 8–2–7

步骤 6 选中【文案】图层，按 Ctrl+T 组合键执行自由变换命令，在画布中单击【鼠标右键】—【透视】，将右下角的控制点往右侧拖动，如图 8–2–8 所示。

图 8–2–8

步骤 7 选中【文案】图层，单击图层面板下方的【添加图层蒙版】，然后选择工具箱中的【画笔工具】，将【前景色】改为黑色，设置画笔参数如图 8–2–9 所示，在画布中文案处适当涂抹，效果如图 8–2–10 所示。

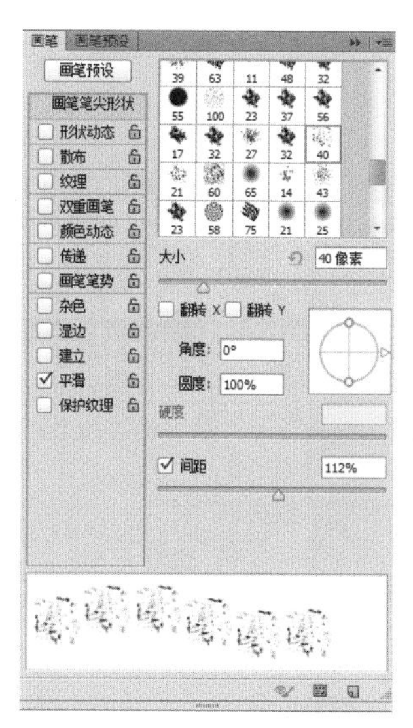

图 8-2-9

图 8-2-10

步骤 8 单击图层面板下方的【创建新图层】，然后选择工具箱中的【矩形选框工具】，在合适的位置绘制一个矩形框并填充为灰色（R:230，G:230，B:230），如图 8-2-11 所示。

图 8-2-11

步骤 9 按 Ctrl+O 组合键执行打开文件命令，打开“正面 .png”“背面 .png”和“侧面 .png”文件，将打开的素材拖入画布中合适的位置并调整大小。然后选择工具箱中的【横排文字工具】，在合适的位置添加文字，如图 8-2-12 所示。

图 8-2-12

步骤 10 单击图层面板下方的【创建新图层】，此时生成【图层 7】图层，然后选择工具箱中的【矩形选框工具】，在合适的位置绘制一个矩形框并填充为灰色（R:230，G:230，B:230），如图 8-2-13 所示。

图 8-2-13

步骤 11　选择工具箱中的【横排文字工具】T.，在合适的位置添加相应文字，如图 8-2-14 所示。

图 8-2-14

步骤 12 按 Ctrl+O 组合键执行打开文件命令，打开“行李箱 1.png”“行李箱 2.png”“行李箱 3.png”“行李箱 4.png”和“行李箱 5.png”文件，将打开的素材拖入画布中合适的位置并调整大小，分别选中素材图层并单击【鼠标右键】—【创建剪贴蒙版】，图层关系如图 8-2-15 所示，最终效果如图 8-2-16 所示。

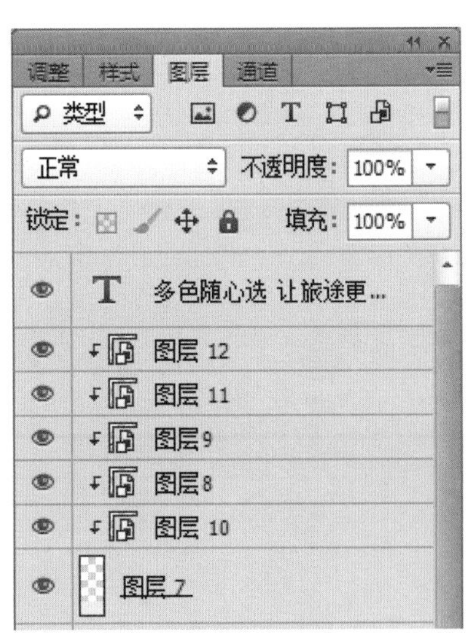

图 8-2-15

多色随心选

让旅途更精彩纷呈

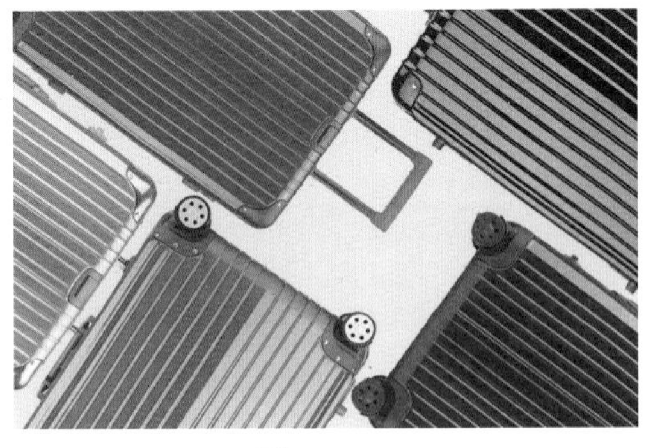

图 8-2-16

8.2.2 迷你音响商品展示设计

素材位置：素材 / 唱片 .png、迷你音响 1.png、迷你音响 2.png、音乐现场 .png

视频位置：视频 /8.2.2 迷你音响商品展示设计 .avi

图 8-2-17

源文件位置：源文件 /8.2.2 迷你音响商品展示设计 .psd

本案例讲解红色迷你音响详情页设计中的商品展示部分，以产品本身的深红色和黑色为主色调进行整体设计，力求呈现出高端大气的视觉效果，同时凸显商品的外观特征。通过大图和情境图，展示商品的特点，经过设计的文案显得直观有力量，最终效果如图 8-2-17 所示。

步骤 1　按 Ctrl+N 组合键执行新建文件命令，新建【宽度】为 750 像素、【高度】为 2000 像素的画布。

步骤 2　单击图层面板下方的【创建新图层】，此时生成【图层 1】图层，然后选择工具箱中的【矩形选框工具】，在合适的位置绘制一个矩形选框，同时选择【渐变工具】，在选项栏中将【渐变】改为浅红色（R: 188，G:4，B: 17）到深红色（R: 124，G:0，B: 7）的渐变色，在【图层 1】图层中填充渐变色，如图 8-2-18 所示。

图 8-2-18

步骤 3　单击图层面板下方的【创建新图层】，此时生成【图层 2】图层，然后选择工具箱中的【矩形选框工具】，在合适的位置绘制一个矩形框，选择【渐变工具】，在选项栏中将【渐变】改为红色（R: 162，G:0，B: 12）到深红色（R:90，G:0，B: 14）的渐变色，在【图层 2】图层中填充渐变色，如图 8-2-19 所示。

图 8-2-19

步骤 4 按 Ctrl+O 组合键执行打开文件命令，打开“迷你音响 1.png”文件，将打开的素材拖入画布中合适的位置并调整大小，此时生成【图层 3】图层，如图 8-2-20 所示。按 Ctrl+J 组合键执行图层拷贝新建命令，此时生成【图层 3 副本】图层，按 Ctrl+T 组合键执行自由变换命令，单击【鼠标右键】—【垂直翻转】，将图形移动至下方合适的位置，并把【图层 3 副本】图层置于【图层 3】图层的下方，如图 8-2-21 所示。

图 8-2-20

图 8-2-21

步骤 5　选中【图层 3 副本】图层，单击图层面板下方的【添加图层蒙版】，然后选择工具箱中的【渐变工具】，在选项栏中将【渐变】改为黑色到白色的渐变色，在合适的位置拖动鼠标绘制出倒影的效果，如图 8–2–22 所示。

图 8–2–22

步骤 6　选择工具箱中的【横排文字工具】，在合适的位置添加文字，如图 8–2–23 所示。然后选择【圆角矩形工具】，将【半径】改为 5 像素，在合适的位置绘制一个圆角矩形，此时生成【圆角矩形 1】图层，双击【圆角矩形 1】图层—【渐变叠加】，将【渐变】改为深红色（R: 102，G:6，B: 9）到暗红色（R: 52，G:0，B:7）的渐变色，单击确定后如图 8–2–24 所示。

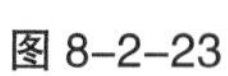
图 8–2–23

图 8–2–24

步骤 7　按 Ctrl+O 组合键执行打开文件命令，打开“音乐现场 .png”文件，将打开的素材拖入画布中合适的位置并调整大小，此时生成【图层 4】图层，如图 8–2–25 所示。

图 8-2-25

步骤 8 按 Ctrl+O 组合键执行打开文件命令，打开“迷你音响 2.png”文件，将打开的素材拖入画布中合适的位置并调整大小，此时生成【图层 5】图层，如图 8-2-26 所示。

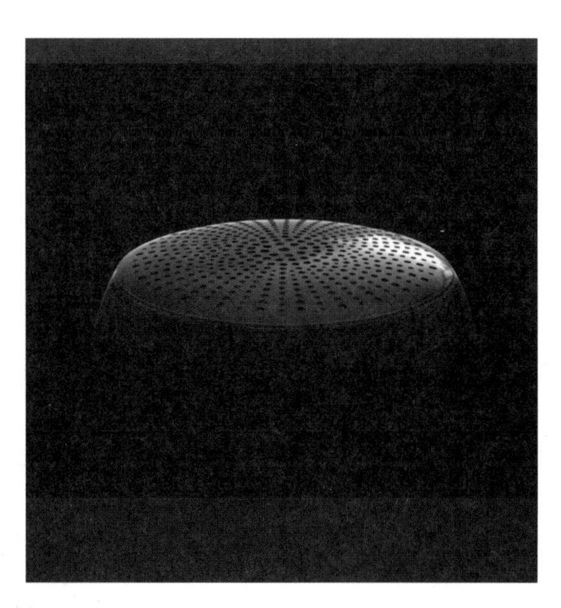

图 8-2-26

步骤 9 选中【图层 5】图层，单击图层面板下方的【添加图层蒙版】，然后选择工具箱中的【渐变工具】，在选项栏中将【渐变】改为黑色到白色的渐变色，在画布中合适的位置拖动鼠标绘制出渐变过渡的效果，如图 8-2-27 所示。

图 8-2-27

步骤 10 选择工具箱中的【横排文字工具】，在合适的位置添加文字，单击图层面板下方的【添加图层样式】—【渐变叠加】，将【渐变】改为白色到灰色，再到白色的渐变色，如图 8-2-28 所示。

图 8-2-28

步骤 11 然后选择工具箱中的【圆角矩形工具】，在选项栏中将【填充】改为红色（R: 184，G:4，B: 16），【描边】改为无，【半径】改为 20 像素，在合适的位置绘制一个圆角矩形并添加文字，如图 8-2-29 所示。

图 8-2-29

步骤 12 单击图层面板下方的【创建新图层】，此时生成【图层 6】图层，选择工具箱中的【矩形选框工具】，在合适的位置绘制一个矩形选框并填充为红色（R: 181，G:4，B:16）。按 Ctrl+O 组合键执行打开文件命令，打开“唱片 .png”文件，将打开的素材拖入画布中合适的位置并调整大小，此时生成【图层 7】图层。选中【图层 7】图层，然后单击【鼠标右键】—【创建剪贴蒙版】，图层关系如图 8-2-30 所示，效果如图 8-2-31 所示。

图 8-2-30

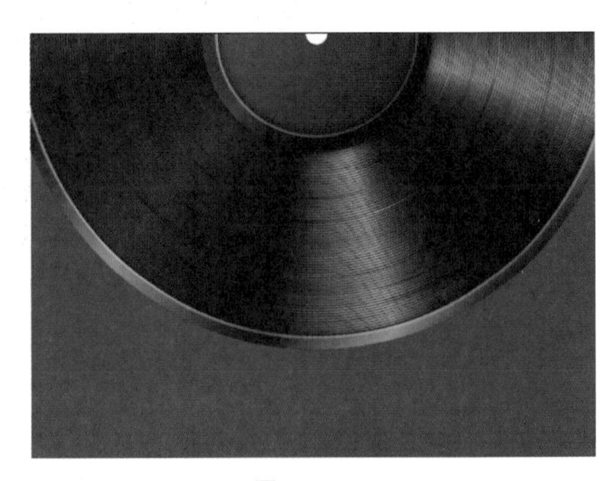

图 8-2-31

步骤 13 选择工具箱中的【自定义形状工具】，在选项栏中将【填充】改为红色，【描边】改为无，【形状】改为相应的图形并在合适的位置进行绘制，如图 8-2-32 所示。

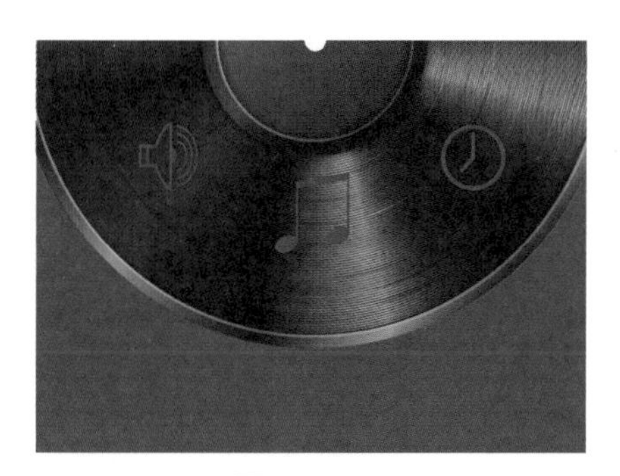

图 8-2-32

步骤 14　选择工具箱中的【横排文字工具】T，在合适的位置添加相应文字，最终效果如图 8-2-33 所示。

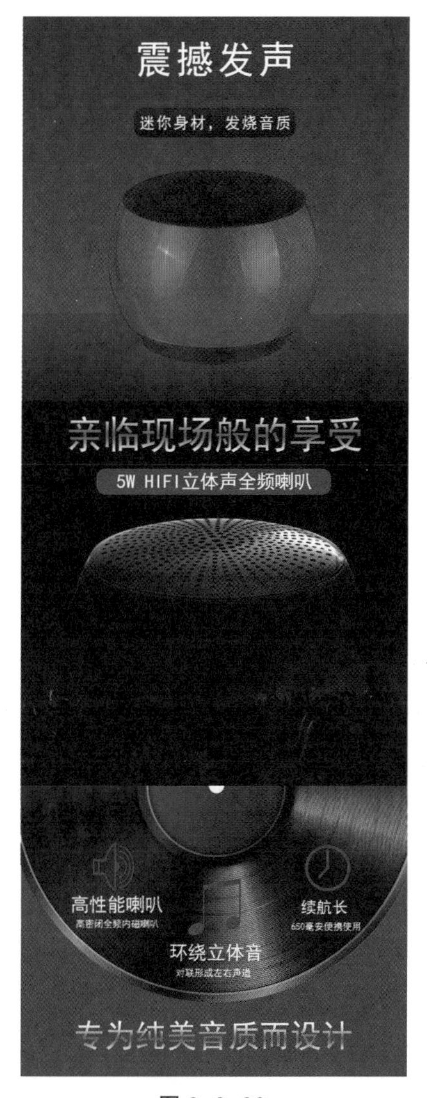

图 8-2-33

8.3 商品细节展示设计与制作

商品细节展示是详情页中最重要的部分，其制作过程就是对商品进行详细解读的过程。通过展示商品各个方面的细节图片，同时加以文字辅助说明，向客户直观地展现商品的特征，让顾客对商品有更全面的了解，打消顾客的购买疑虑，建立起更深的信任感。一般我们需要根据商品特点选择合理的排版，通过错落有致的排版，有条理地展示商品的细节特征，将商品亮点写成小标题，同时附上简要的描述，总之要使画面工整、美观、具有可读性。

8.3.1 商品细节展示常用排版方式

商品细节展示的版面设计讲究工整、美观和具有可读性，一般会在设计中使用简单的几何图形来对版面进行合理分割，以达到舒适的阅读体验，常见的商品细节展示排版方式有满版型、上下分割型、左右分割型、左右交叉型、重心型、骨骼型等。如图 8-3-1 至图 8-3-6 所示。

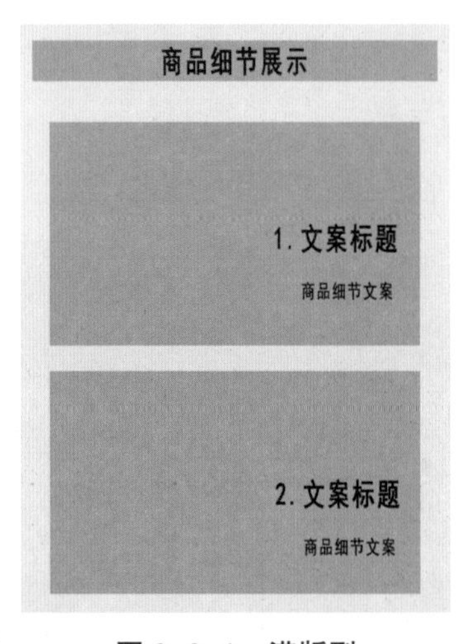

图 8-3-1　满版型

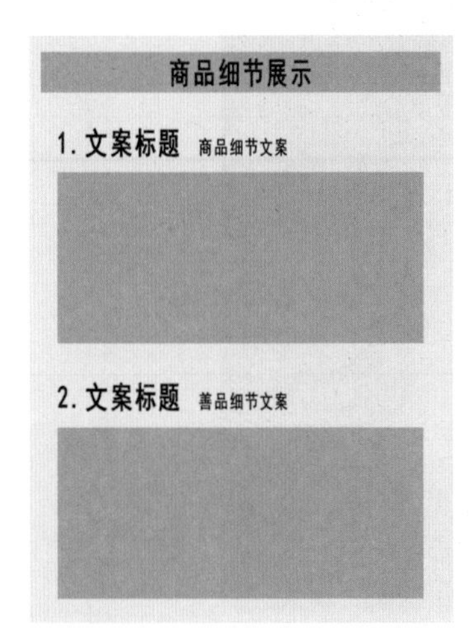

图 8-3-2　上下分割型

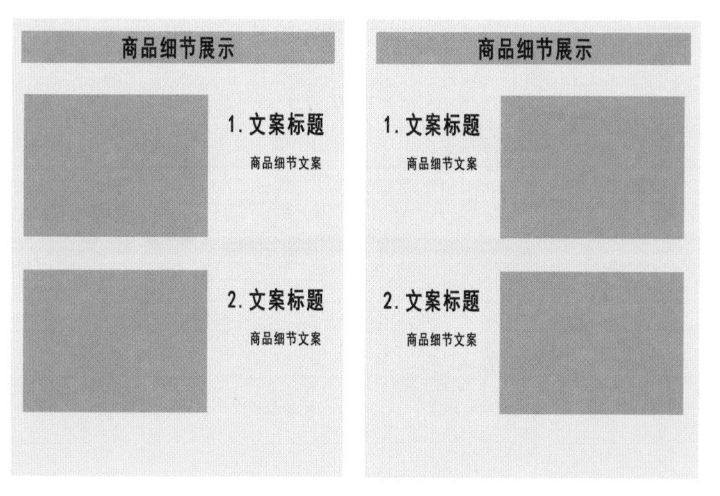

图 8–3–3　左右分割型

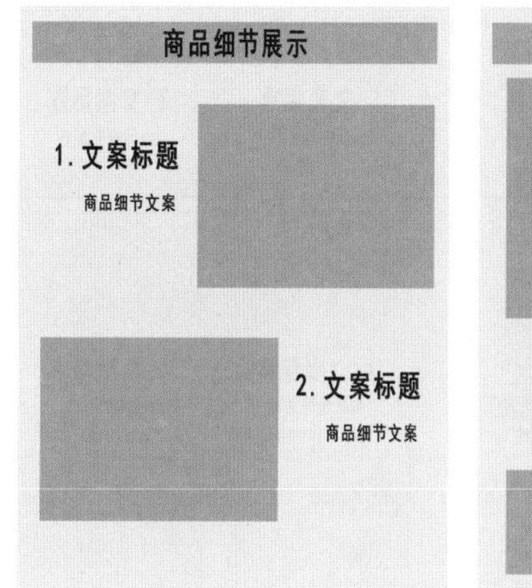

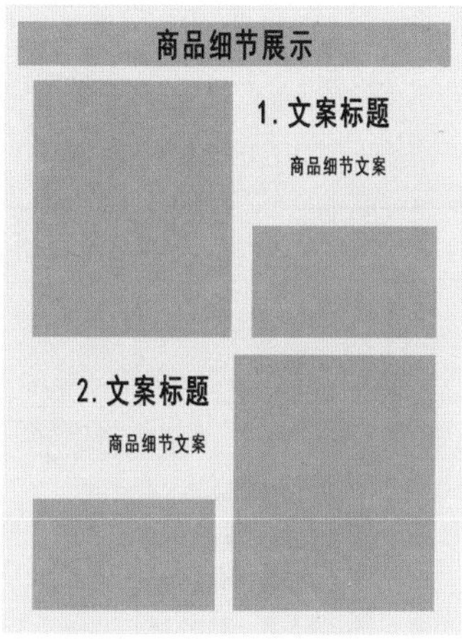

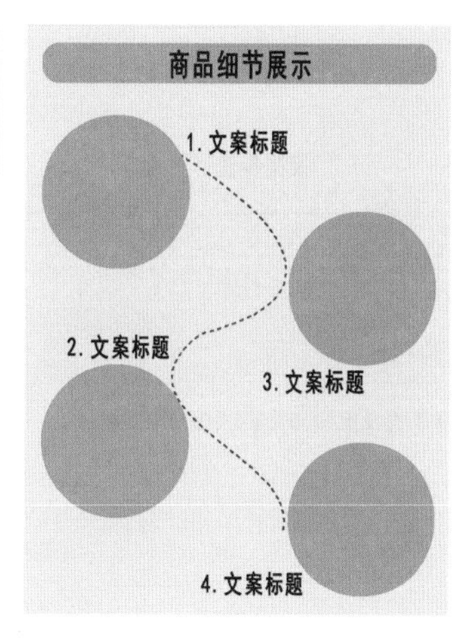

图 8–3–4　左右分叉型

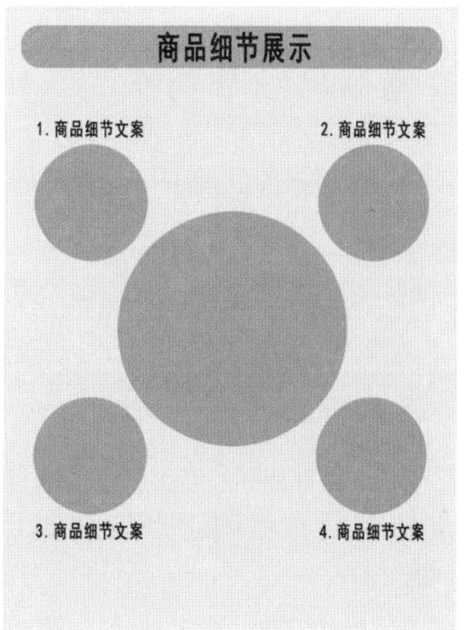

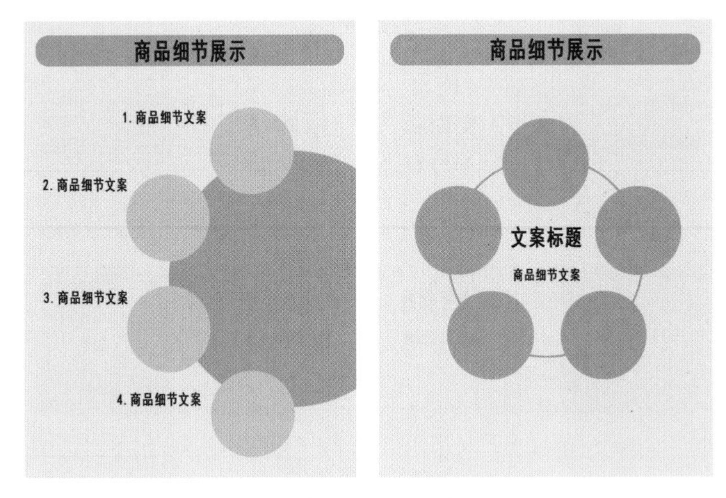

图 8-3-5　重心型

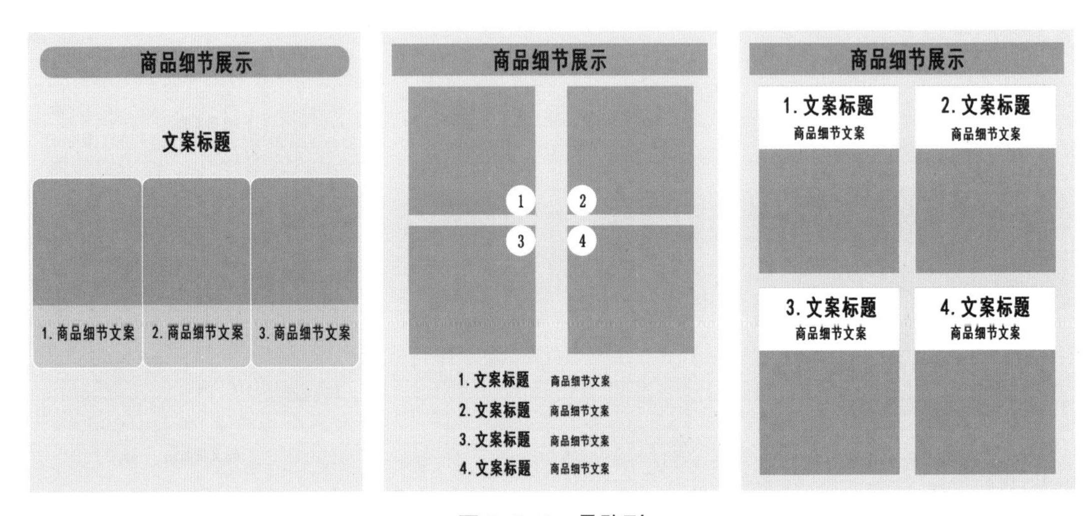

图 8-3-6　骨骼型

8.3.2　行李箱商品细节制作

素材位置：素材 / 行李箱 1.png、行李箱 2.png、行李箱 3.png、行李箱 4.png、行李箱 5.png、行李箱 6.png

视频位置：视频 /8.3.2 行李箱商品细节制作 .avi

源文件位置：源文件 /8.3.2 行李箱商品细节制作 .psd

本案例讲解行李箱详情页中商品细节部分的设计方法，整体色调以黑色和灰色为主，营造出高端时尚的风格。在版面布局上，分别用重心型和左右交叉型两种排版方式来展示行李箱的细节，当产品的细节较多时，我们可以使用多种排版方式完整地展示产品特征，最终效果如图 8-3-7 所示。

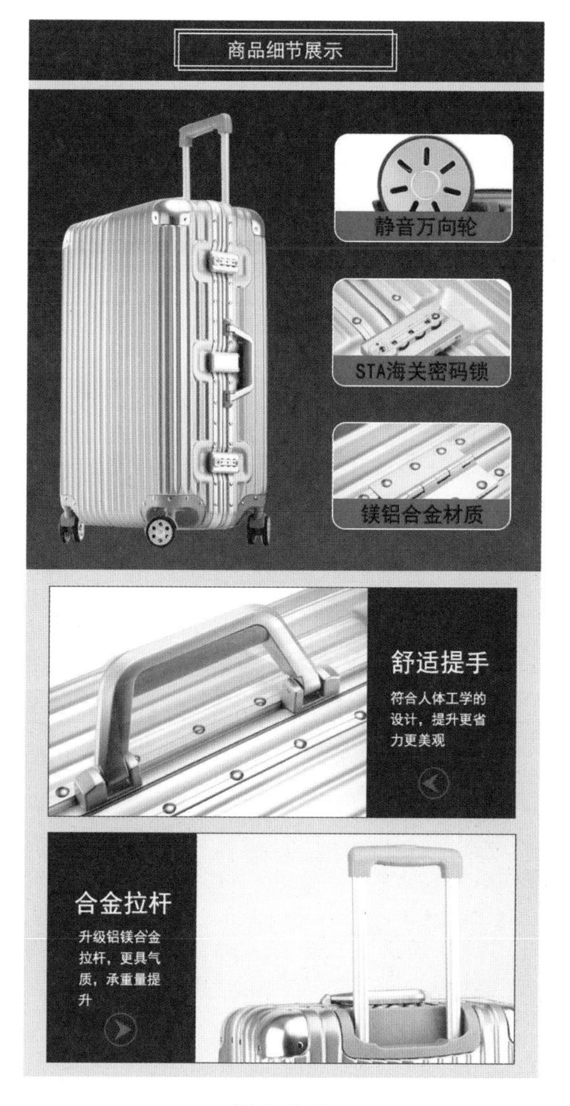

图 8-3-7

步骤 1　按 Ctrl+N 组合键执行新建文件命令，新建【宽度】为 750 像素、【高度】为 1 500 像素的画布，并将【背景】图层填充为灰色（R: 222，G:222，B: 222）。

步骤 2　选择工具箱中的【矩形工具】，在选项栏中将【填充】改为深灰色（R: 48，G:48，B: 48），【描边】改为无，在合适的位置绘制一个矩形，此时生成【矩形 1】图层，如图 8-3-8 所示。

图 8-3-8

步骤 3　选择工具箱中的【矩形工具】，在选项栏中将【填充】改为无，【描边】改为白色，【形状描边宽度】改为 2 点，在合适的位置绘制两个矩形框，并添加合适的文案，如图 8–3–9 所示。

图 8–3–9

步骤 4　单击图层面板下方的【创建新图层】，此时生成【图层 1】图层，然后选择工具箱中的【矩形选框工具】，在合适的位置绘制一个矩形选框，然后选择工具箱中的【渐变工具】，在选项栏中将【渐变】改为灰色（R:80，G:80，B:80）到深灰色（R:42，G:42，B:42）的渐变色，在选框中填充渐变颜色，如图 8–3–10 所示。

图 8–3–10

步骤 5　按 Ctrl+O 组合键执行打开文件命令，打开"行李箱 1.png"文件，将打开的素材拖入画布中合适的位置并调整大小，如图 8–3–11 所示。

图 8-3-11

步骤 6 选择工具箱中的【圆角矩形工具】，在选项栏中将【填充】改为白色,【描边】改为白色,【形状描边宽度】改为 2 点,【半径】改为 20 像素，在合适的位置绘制一个圆角矩形，此时生成【圆角矩形 1】图层，如图 8-3-12 所示。

图 8-3-12

步骤 7 按 Ctrl+O 组合键执行打开文件命令，打开“行李箱 2.png”文件，将打开的素材拖入画布中合适的位置并调整大小，此时生成【图层 3】图层，选中【图层 3】图层，单击鼠标【右键】—【创建剪贴蒙版】，为当前图层创建剪贴蒙版，如图 8–3–13 所示。

图 8–3–13

步骤 8 选择工具箱中的【矩形工具】，在选项栏中将【填充】改为红色（R:255，G:0，B:0），【描边】改为无，在合适的位置绘制一个矩形，此时生成【矩形 3】图层，如图 8–3–14 所示。选中【矩形 3】图层，单击鼠标【右键】—【创建剪贴蒙版】，为当前图层创建剪贴蒙版，同时在合适的位置添加文字，如图 8–3–15 所示。

图 8–3–14

图 8–3–15

步骤 9 用上述同样的方式，将“行李箱 3.png”和“行李箱 4.png”添加至合适的位置，如图 8–3–16 所示。

图 8–3–16

步骤 10　选择工具箱中的【矩形工具】▭，在选项栏中将【填充】改为深灰色（R:42，G:42，B:42），【描边】改为深灰色（R:42，G:42，B:42），【形状描边宽度】改为 1 点，在合适的位置绘制一个矩形，如图 8–3–17 所示。

图 8–3–17

步骤 11　按 Ctrl+O 组合键执行打开文件命令，打开“行李箱 5.png”文件，将打开的素材拖入画布中合适的位置并调整大小，此时生成【图层 6】图层，选中【图层 6】图层，单击鼠标【右键】—【创建剪贴蒙版】，为当前图层创建剪贴蒙版，如图 8–3–18 所示。

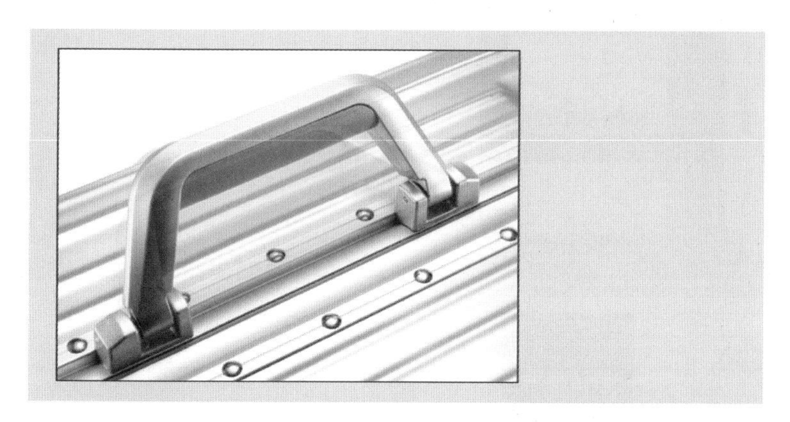

图 8–3–18

步骤 12　选择工具箱中的【矩形工具】▭，在选项栏中将【填充】改为深灰色（R:42，G:42，B:42），【描边】改为无，在合适的位置绘制一个矩形，如图 8–3–19 所示。然后选择工具箱中的【横排文字工具】T，在合适的位置添加文字，如图 8–3–20 所示。

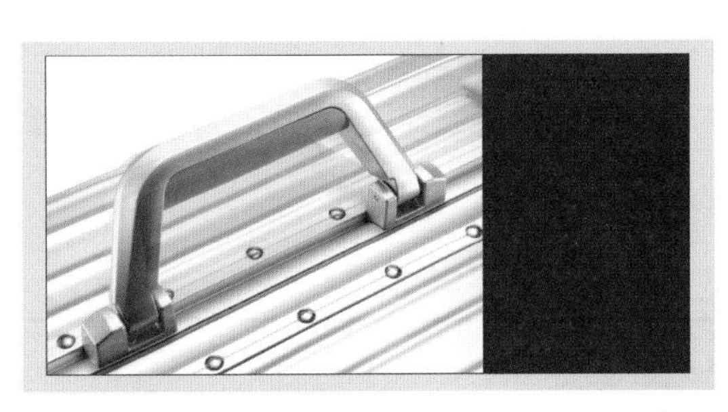

图 8-3-19

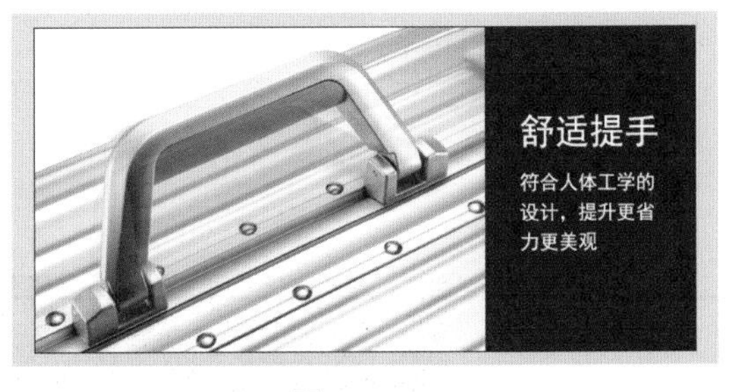

图 8-3-20

步骤 13 选择工具箱中的【自定义形状工具】，在选项栏中将【填充】改为红色(R:255，G:0，B:0)，【描边】改为无，【形状】改为相应的图形并在合适的位置进行绘制，如图 8-2-21 所示。

图 8-3-21

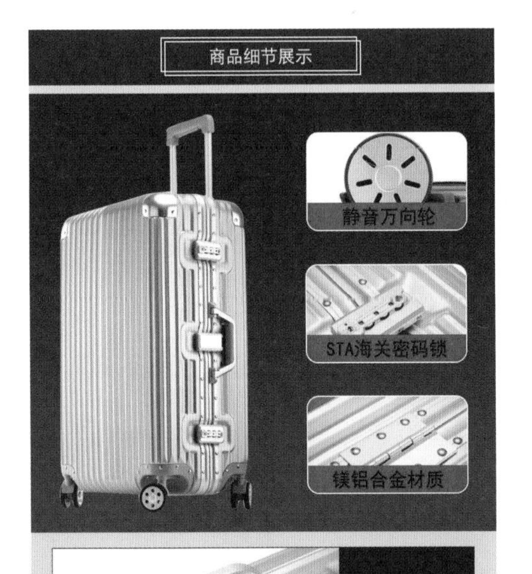

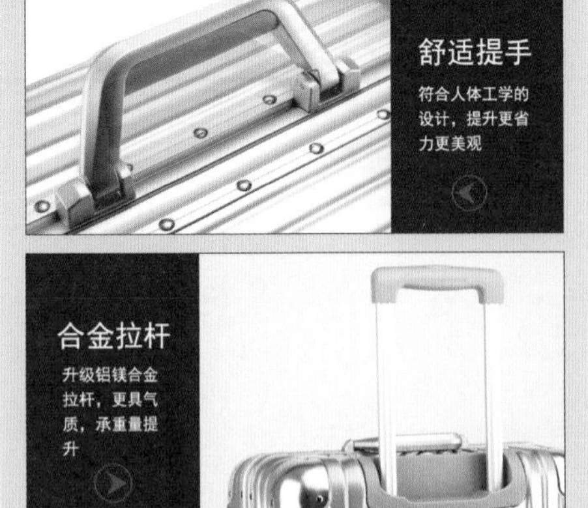

图 8-3-22

步骤 14 用上述同样的方式，将“行李箱 6.jpg”添加至合适的位置，最终效果如图 8-3-22 所示。

8.3.3 保湿乳商品细节制作

素材位置：素材 / 背景 .jpg、蜂蜜 .jpg、芦荟 .jpg、透明质酸 .jpg、薰衣草 .jpg、保湿乳 .png、水元素 .png

视频位置：视频 /8.3.3 保湿乳商品细节制作 .avi

源文件位置：源文件 /8.3.3 保湿乳商品细节制作 .psd

本案例讲解保湿乳详情页中商品细节部分的设计方法，整体色调以海洋的蓝色为主色调，采用重心型的排版方式来表达产品的原材料细节，同时搭配水花以及相应文案来表现产品保湿的特征，最终效果如图 8-3-23 所示。

图 8-3-23

步骤 1 按 Ctrl+O 组合键执行打开文件命令，打开“背景 .jpg”文件。

步骤 2 选择工具箱中的【横排文字工具】T，在选项栏中将【字体】改为 Adobe 宋体 Std，【字体大小】改为 14 点，在合适的位置添加“持久水润 美丽动人”文字，然后双击【持久水润 美丽动人】图层 —【渐变叠加】，将【渐变】改为白色到蓝色（R:17，G:123，B:206）的渐变色。再选择【投影】复选框，将【距离】改为 3 像素，单击确定后如图 8-3-24 所示。

图 8-3-24

步骤 3 选择工具箱中的【横排文字工具】T，在选项栏中将【字体】改为 Trajan Pro，【大小】改为 9 点，在合适的位置添加“WATER ELEMENT”文字，同时将【持久水润 美丽动人】图层的图层样式拷贝至【WATER ELEMENT】图层，如图 8-3-25 所示。

图 8-3-25

步骤 4 按 Ctrl+O 组合键执行打开文件命令，打开“保湿乳 .png”文件，将打开的素材拖入画布中合适的位置并调整大小，此时生成【图层 1】图层，如图 8-3-26 所示。

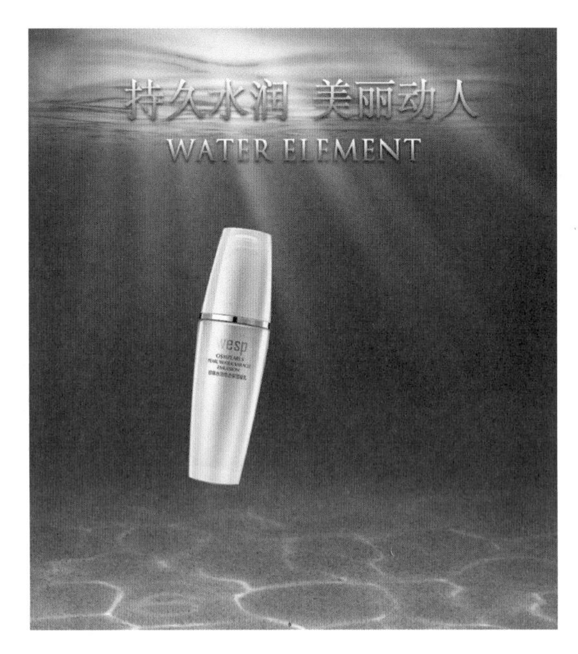

图 8-3-26

步骤 5 按 Ctrl+O 组合键执行打开文件命令，打开“水元素 .png”文件，将打开的素材拖入画布中合适的位置并调整大小，此时生成【图层 2】图层，如图 8-3-27 所示。选中【图层 2】图层，然后单击图层面板下方的【添加图层蒙版】，再选择工具箱中的【画笔工具】，将【前景色】改为黑色，在合适的位置进行涂抹以遮盖部分图形，如图 8-3-28 所示。

图 8-3-27

图 8-3-28

步骤 6 选择工具箱中的【椭圆工具】，在选项栏中将【填充】改为无，【描边】改为蓝色（R:212，G:236，B:251），【形状描边宽度】改为 1 点，在合适的位置绘制一个圆圈，此时生成【椭圆 1】图层，并将图层面板中的【不透明度】改为 60%，如图 8-3-29 所示。

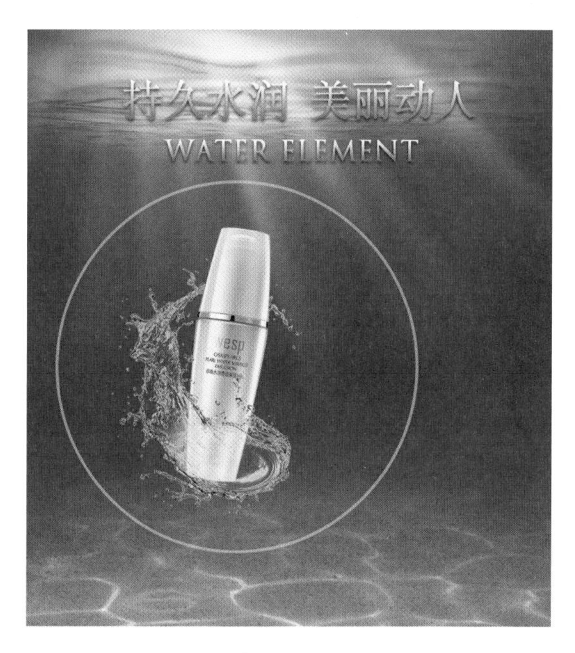

图 8-3-29

步骤 7 双击【椭圆 1】图层 —【外发光】，将【大小】改为 20 像素，如图 8-3-30 所示。然后选中【椭圆 1】图层，单击图层面板下方的【添加图层蒙版】，再选择工具箱中的【画笔工具】，将【前景色】改为黑色，在合适的位置进行涂抹以遮盖部分图形，如图 8-3-31 所示。

图 8-3-30

图 8-3-31

步骤 8 选择工具箱中的【椭圆工具】◉，在选项栏中将【填充】改为白色，【描边】改为白色，【形状描边宽度】改为 0.5 点，在合适的位置绘制一个正圆形，此时生成【椭圆 2】图层，如图 8-3-32 所示。双击【椭圆 2】图层 —【外发光】，将【大小】改为 20 像素，如图 8-3-33 所示。

图 8-3-32

图 8-3-33

步骤 9 按 Ctrl+O 组合键执行打开文件命令，打开“透明质酸 .jpg”文件，将打开的素材拖入画布中合适的位置并调整大小，此时生成【图层 3】图层，同时将该图层置于【椭圆 2】图层的上方。选中【图层 3】图层，然后单击【鼠标右键】—【创建剪贴蒙版】，图层关系如图 8-3-34 所示，效果如图 8-3-35 所示。

图 8-3-34

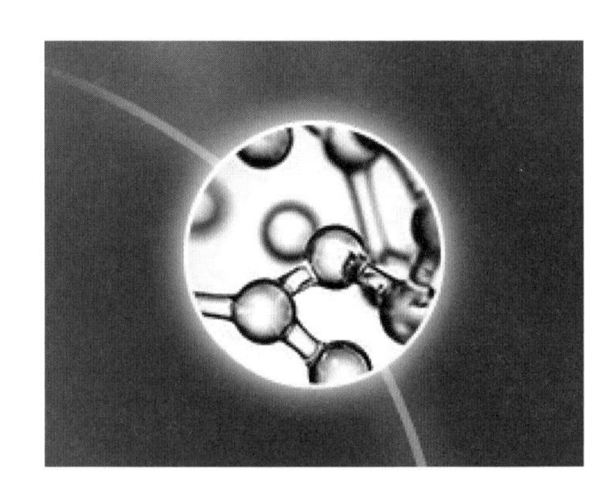

图 8-3-35

步骤 10 选择工具箱中的【矩形工具】▭，在选项栏中将【填充】改为白色，【描边】改为无，在合适的位置绘制一个矩形，此时生成【矩形 1】图层，并将图层面板中的【不透明度】改为 60%，如图 8-3-36 所示。选中【矩形 1】图层，然后单击【鼠标右键】—【创建剪贴蒙版】，并在合适的位置添加文字，如图 8-3-37 所示。

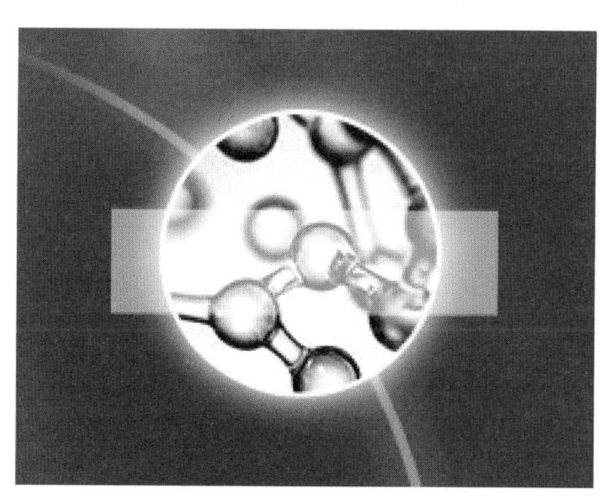

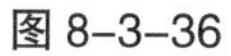

图 8-3-36

图 8-3-37

步骤 11 用上述同样的方式，将“芦荟 .jpg”“蜂蜜 .jpg”和“薰衣草 .jpg”添加至合适的位置，最终效果如图 8-3-38 所示。

图 8-3-38

第 9 章 促销图设计与制作

促销图是各大平台的各类网店中不可或缺的元素，它的作用是体现关于商品促销的信息。而好的促销图设计风格，有助于提高店铺的整体形象，给人留下深刻印象，这样一来店铺里的商品被购买的概率就会大大提升，还有可能会带动店里其他商品的销售，提高店铺的整体销量。这就是促销本身带来的连锁反应。本章节主要讲解促销图的设计样式及制作要点，让读者对各类型的促销图设计有更深入的了解并掌握制作技巧。

学习目标

1. 掌握优惠券的设计与制作；
2. 掌握促销标签的设计与制作。

9.1 优惠券设计与制作

优惠券常见于平台促销和店铺活动营销，它的作用是通过一些优惠活动，如打折、满减、满送等激起买家的购买欲望，引导买家冲动消费。优惠券在设计上除了要注意颜色的搭配外，还要着重突出优惠的金额以及活动的规则。此外，优惠券还可以根据店铺的风格、产品特色设计成多种样式。

9.1.1 邮票样式优惠券

素材位置：无

视频位置：视频 /9.1.1 邮票样式优惠券 .avi

源文件位置：源文件 /9.1.1 邮票样式优惠券 .psd

本案例讲解邮票样式优惠券的制作方法，以红色为主色调，配以醒目的白色文字，清晰夺目，是网店最为基础和常见的优惠券设计样式，最终效果如图 9-1-1 所示。

图 9-1-1

步骤 1　按 Ctrl+N 组合键执行新建文件命令，新建【宽度】为 550 像素、【高度】为 300 像素的画布。

步骤 2　选择工具箱中的【矩形工具】，在选项栏中将【填充】改为红色（R:253，G:27，B:73），描边改为无，在画布中绘制一个矩形，此时生成【矩形 1】图层，如图 9-1-2 所示。

图 9-1-2

步骤 3　单击图层面板下方的【创建新图层】，此时生成【图层 1】图层。选择工具箱中的【画笔工具】，在选项栏中单击【切换画笔面板】，【画笔笔尖形状】改为尖角 30，【大小】改为 16 像素，【间距】改为 130%，如图 9-1-3 所示。按住 Shift 键，沿着矩形的边缘绘制波点线，如图 9-1-4 所示。

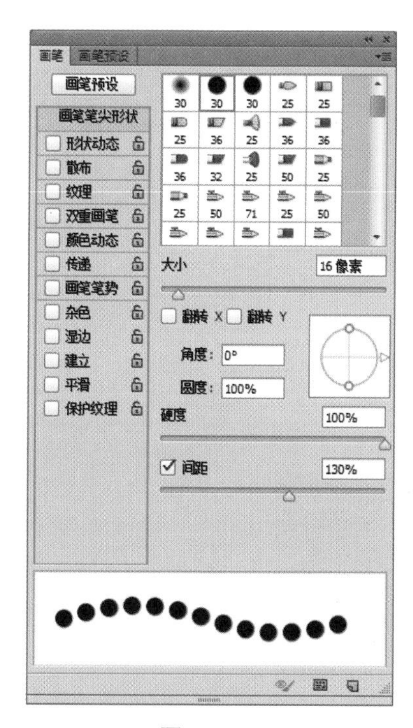

图 9-1-3

图 9-1-4

步骤 4 选中【矩形 1】图层，单击图层面板下方的【添加图层蒙版】，图层关系如图 9–1–5 所示。

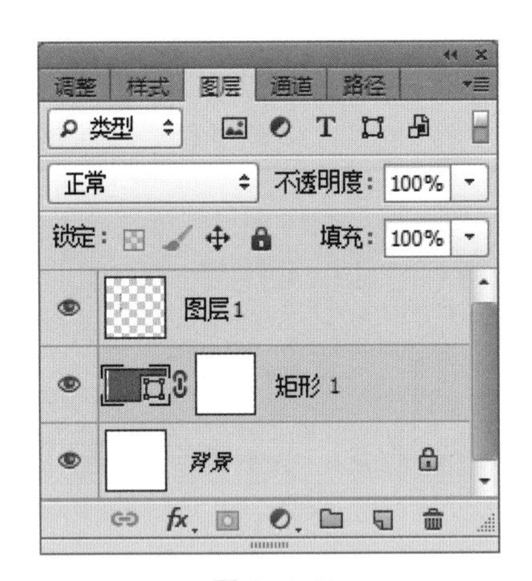

图 9–1–5

步骤 5 按住 Ctrl 键，单击【图层 1】缩览图，将其载入选区，单击【矩形 1】图层蒙版缩略图，将选区填充为黑色，单击【图层 1】图层前的【指示图层可见性】图标，隐藏该图层，如图 9–1–6 所示。

图 9–1–6

步骤 6 按 Alt+S+T 组合键执行变换选区命令，当出现变形框之后将选区平移至矩形的右侧，完成后按 Enter 键确认，如图 9–1–7 所示。

图 9–1–7

步骤 7 单击【矩形 1】图层蒙版缩略图，将选区填充为黑色，按 Ctrl+D 组合键取消选区，如图 9–1–8 所示。

图 9-1-8

步骤 8　选择工具箱中的【横排文字工具】T，在适当的位置添加文字，如图 9-1-9 所示。

图 9-1-9

步骤 9　选择工具箱中的【矩形工具】□，在选项栏中将【填充】改为白色，【描边】改为无，在合适的位置绘制一个矩形，如图 9-1-10 所示。

图 9-1-10

步骤 10　选择工具箱中的【横排文字工具】T，在合适的位置添加文字，最终效果如图 9-1-11 所示。

图 9-1-11

9.1.2 红包样式优惠券

素材位置：无

视频位置：视频 /9.1.2 红包样式优惠券 .avi

源文件位置：源文件 /9.1.2 红包样式优惠券 .psd

本案例讲解红包样式优惠券的制作方法，颜色鲜艳的红包搭配半抽离效果的优惠券，再加上纸质的滤镜效果，整体质感出众，符合喜庆风格的促销设计要求，最终效果如图 9–1–12 所示。

图 9–1–12

步骤 1 按 Ctrl+N 组合键执行新建文件命令，新建【宽度】为 550 像素、【高度】为 300 像素的画布。

步骤 2 选择工具箱中的【矩形工具】，在选项栏中将【颜色】改为红色（R:125，G:0，B:0），【描边】改为无，在画布中绘制一个矩形，此时生成【矩形 1】图层，如图 9–1–13 所示。

图 9–1–13

步骤 3 选中【矩形 1】图层，按 Ctrl+J 组合键执行图层拷贝新建命令，此时生成【矩形 1 副本】图层，选择工具箱中的【矩形工具】，在选项栏中将【填充】改为红色（R:243，G:39，B:39）。

步骤 4 选中【矩形 1】图层，选择工具箱中的【添加锚点工具】，在矩形路径的右侧添加一个锚点，然后选择【直接选择工具】，将锚点往右侧拖动，如图 9–1–14 所示。

图 9–1–14

步骤 5　选中【矩形 1 副本】图层，选择工具箱中的【添加锚点工具】，在矩形路径的右侧添加一个锚点，如图 9–1–15 所示。接着选择【转换点工具】，单击锚点，将锚点转换为角点，再选择【直接选择工具】，将锚点往左侧拖动，如图 9–1–16 所示。

图 9–1–15

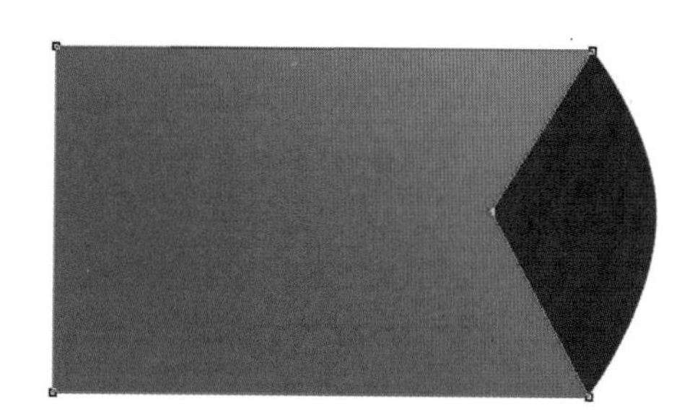

图 9–1–16

步骤 6　双击【矩形 1 副本】图层 —【渐变叠加】，将【混合模式】改为柔光，【角度】改为 45 度，单击确定后如图 9–1–17 所示。

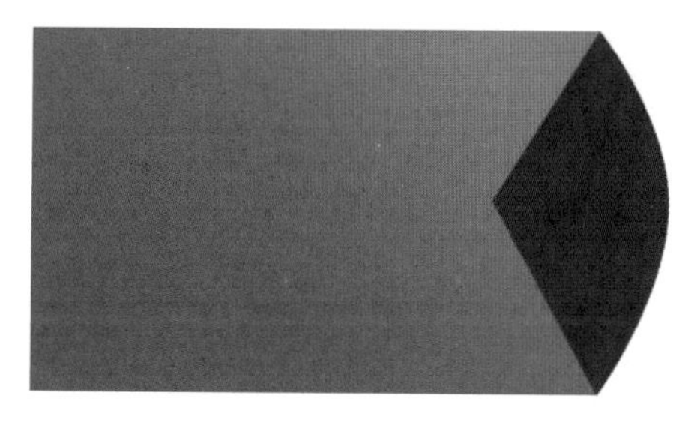

图 9–1–17

步骤 7　复制【矩形 1 副本】图层，此时生成【矩形 1 副本 2】图层，将图层效果删除后单击【鼠标右键】—【栅格化图层】，然后单击菜单栏中的【滤镜】—【滤镜库】—【素描】—【便条纸】，如图 9–1–18 所示。单击确定后如图 9–1–19 所示。

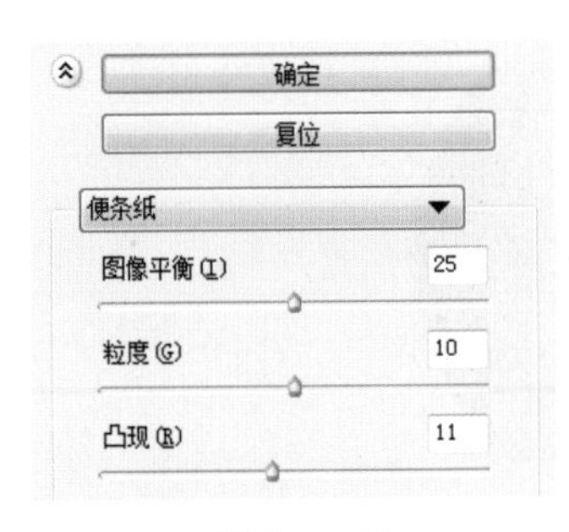

图 9-1-18

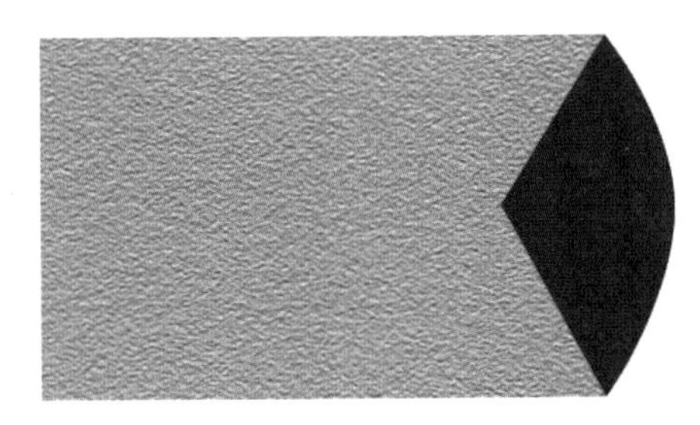

图 9-1-19

步骤 8 选中【矩形 1 副本 2】图层，将【图层混合模式】改为柔光，如图 9-1-20 所示。

图 9-1-20

步骤 9 选择工具箱中的【圆角矩形工具】，在选项栏中将【颜色】改为白色，【描边】改为无，在合适的位置画一个圆角矩形，此时生成【圆角矩形 1】图层，并将【圆角矩形 1】图层置于【矩形 1 副本】图层之下，如图 9-1-21 所示。

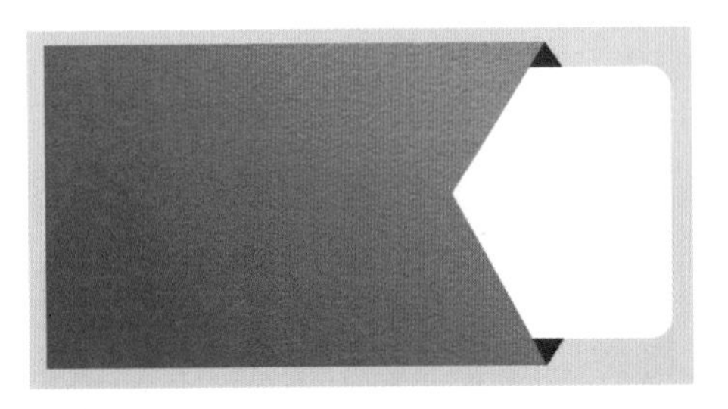

图 9-1-21

步骤 10 双击【圆角矩形 1】图层—【描边】，将【大小】改为 4，【颜色】改为啡色（R:201，G:155，B:65），单击确定后如图 9-1-22 所示。

图 9-1-22

步骤 11　选择工具箱中的【椭圆工具】，在选项栏中将【颜色】改为红色（R:230，G:0，B:18），【描边】改为无，在合适的位置绘制一个正圆形，如图 9-1-23 所示。

图 9-1-23

步骤 12　选择工具箱中的【横排文字工具】，在合适的位置添加相应文字，如图 9-1-24 所示。

图 9-1-24

步骤 13　选择工具箱中的【横排文字工具】，在合适的位置添加文字“券”，并将【图层混合模式】改为柔光，【不透明度】改为 50%，最终效果如图 9-1-25 所示。

图 9-1-25

9.1.3　元宝样式优惠券

素材位置：无

视频位置：视频 /9.1.3 元宝样式优惠券 .avi

源文件位置：源文件 /9.1.3 元宝样式优惠券 .psd

本案例讲解元宝样式优惠券的制作方法，设计灵感来源于古代的一种货币，红色的底托搭配金灿灿的金币，立体感强，容易抓住消费者的眼球，最终效果如图 9-1-26 所示。

图 9-1-26

步骤 1 按 Ctrl+N 组合键执行新建文件命令，新建【宽度】为 550 像素、【高度】为 550 像素的画布，并将画布填充为灰色（R:242，G:240，B:240）。

步骤 2 选择工具箱中的【矩形工具】，在选项栏中将【填充】改为红色（R:244，G:42，B:42），【描边】改为无，在画布中绘制一个矩形，此时生成【矩形 1】图层，如图 9-1-27 所示。

图 9-1-27

步骤 3 选择工具箱中的【直接选择工具】，在画布中单击矩形路径激活锚点，然后分别单击锚点并拖动鼠标进行变形，如图 9-1-28 所示。

图 9-1-28

步骤 4　双击【矩形 1】图层—【渐变叠加】，将【混合模式】改为正片叠底，【不透明度】改为 15%，【角度】改为 -140 度，单击确定后如图 9-1-29 所示。

图 9-1-29

步骤 5　选中【矩形 1】图层，按 Ctrl+J 组合键执行图层拷贝新建命令，此时生成【矩形 1 副本】图层，再按 Ctrl+T 组合键执行自由变换命令，在画布中单击【鼠标右键】—【水平翻转】，并将图形往右侧拖动，如图 9-1-30 所示。

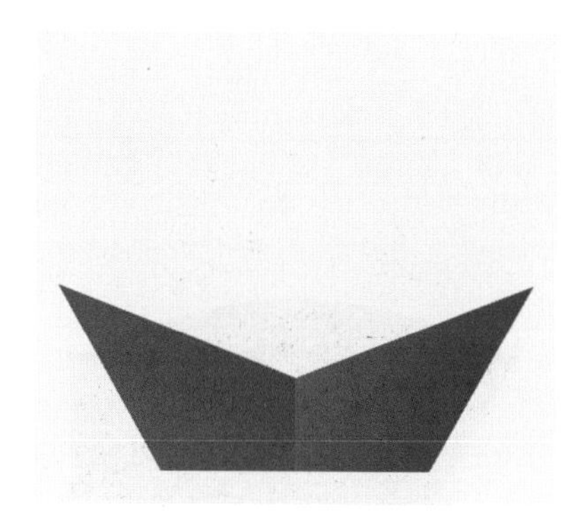

图 9-1-30

步骤 6　选择工具箱中的【矩形工具】，在选项栏中将【填充】改为红色（R:144，G:5，B:5），【描边】改为无，在画布中绘制一个矩形，此时生成【矩形 2】图层，并将【矩形 2】图层置于【矩形 1】图层的下方，如图 9-1-31 所示。

图 9-1-31

步骤 7 选中【矩形 2】图层，选择工具箱中的【添加锚点工具】，在矩形路径的上方添加一个锚点，然后选择【直接选择工具】，将锚点往上拖动，如图 9-1-32 所示。

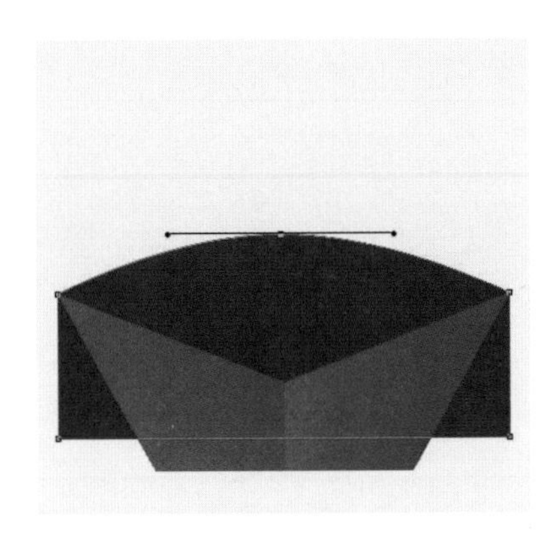

图 9-1-32

步骤 8 选择工具箱中的【直接选择工具】，将左下方的锚点往右侧拖动，如图 9-1-33 所示。

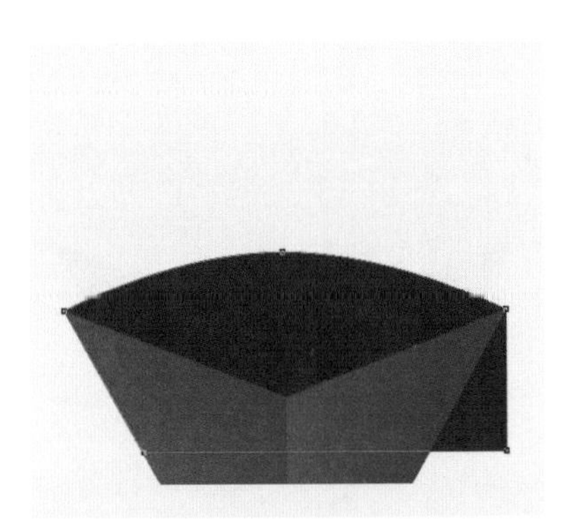

图 9-1-33

步骤 9 用上述同样的方式将右下方的锚点往左侧拖动，如图 9-1-34 所示。

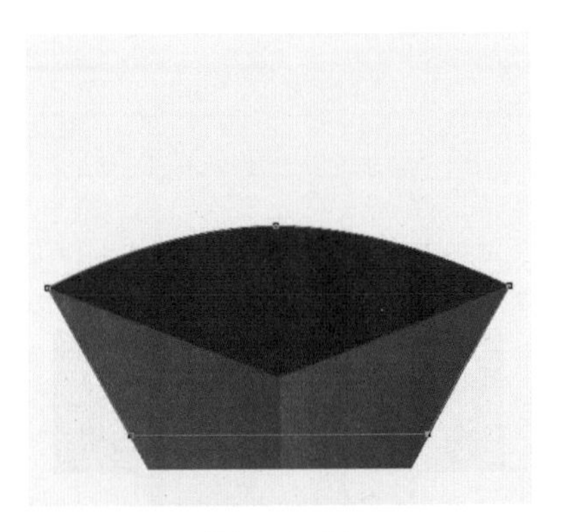

图 9-1-34

步骤 10　选择工具箱中的【椭圆工具】，在选项栏中将【填充】改为黄色（R:255，G:210，B:0），【描边】改为无，在合适的位置绘制一个椭圆形，此时生成【椭圆 1】图层，并将【椭圆 1】图层置于【矩形 2】图层的上方，如图 9-1-35 所示。

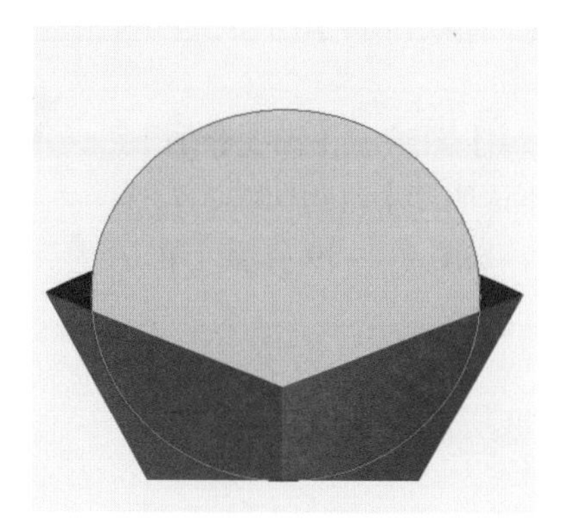

图 9-1-35

步骤 11　双击【椭圆 1】图层—【渐变叠加】，将【混合模式】改为明度，【不透明度】改为 32%，单击确定后如图 9-1-36 所示。

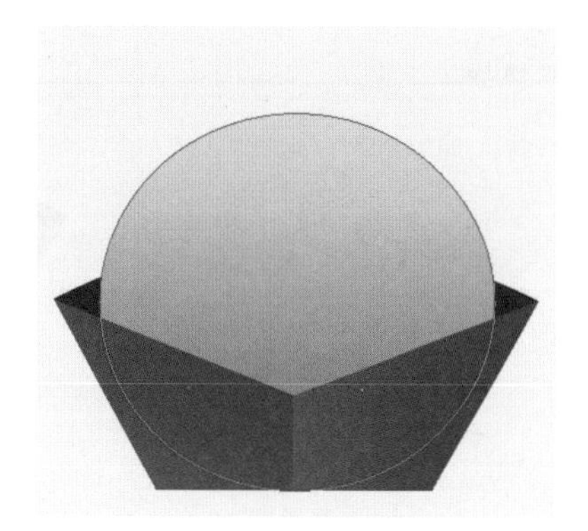

图 9-1-36

步骤 12　复制【椭圆 1】图层，此时生成【椭圆 1 副本】图层，并将该图形填充为啡色。将【椭圆 1 副本】图层置于【椭圆 1】图层下方，按 Ctrl+T 组合键执行自由变换命令，将椭圆形往上方拖动变形，如图 9-1-37 所示。

图 9-1-37

步骤 13 选择工具箱中的【圆角矩形工具】▢，在选项栏中将【填充】改为啡色（R:203，G:163，B:76），【描边】改为无，【半径】改为 30 像素，在合适的位置绘制一个圆角矩形，此时生成【圆角矩形 1】图层，如图 9–1–38 所示。

步骤 14 双击【圆角矩形 1】图层—【渐变叠加】，将【混合模式】改为柔光，【不透明度】改为 50%，勾选【反向】，【样式】改为对称的，如图 9–1–39 所示。单击确定后如图 9–1–40 所示。

图 9–1–38

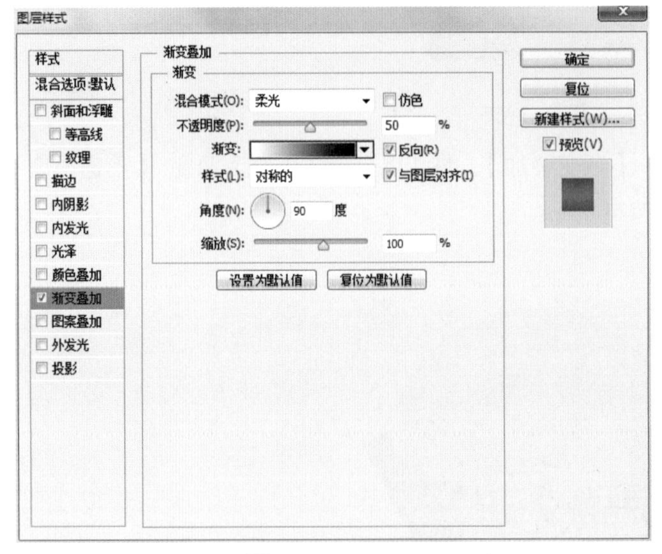

图 9–1–39

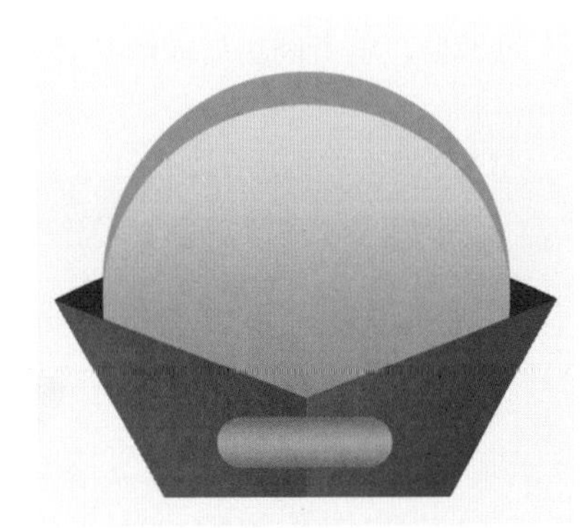

图 9–1–40

步骤 15 选择工具箱中的【横排文字工具】T，在合适的位置添加文字和边框，最终效果如图 9–1–41 所示。

图 9–1–41

9.1.4　灯笼样式优惠券

素材位置：无

视频位置：视频 /9.1.4 灯笼样式优惠券 .avi

源文件位置：源文件 /9.1.4 灯笼样式优惠券 .psd

本案例讲解灯笼样式优惠券的制作方法，以古风造型的灯笼作为优惠券设计样式，古朴喜庆，简洁大方，适合搭配中式设计风格的店铺，最终效果如图 9-1-42 所示。

图 9-1-42

步骤 1　按 Ctrl+N 组合键执行新建文件命令，新建【宽度】为 550 像素、【高度】为 550 像素的画布。

步骤 2　选择工具箱中的【渐变工具】，在选项栏中将【渐变】改为白色到灰色（R:133，G:133，B:133）的渐变色，【渐变样式】改为径向渐变，如图 9-1-43 所示。在【背景】图层中填充渐变色，如图 9-1-44 所示。

图 9-1-43

图 9-1-44

步骤 3 选择工具箱中的【圆角矩形工具】，在选项栏中将【填充】改为红色（R:255，G:0，B:0），【描边】改为无，【半径】改为 100 像素，在合适的位置绘制一个圆角矩形，此时生成【圆角矩形 1】图层，如图 9-1-45 所示。

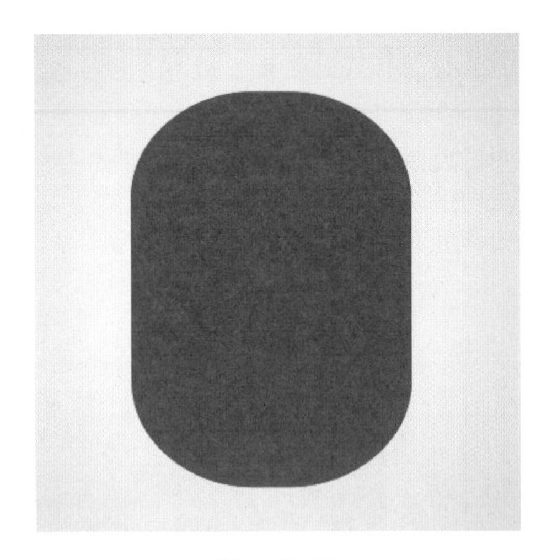

图 9-1-45

步骤 4 双击【圆角矩形 1】图层—【渐变叠加】，将【不透明度】改为 5%，【渐变】改为黑—白—黑—白渐变，【角度】改为 0 度，如图 9-1-46 所示。单击确定后如图 9-1-47 所示。

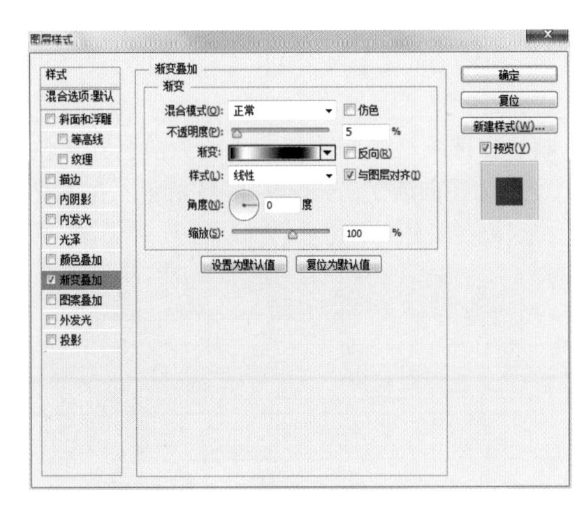

图 9-1-46

图 9-1-47

步骤 5 选中【圆角矩形 1】图层，按 Ctrl+J 组合键执行图层拷贝新建命令，此时生成【圆角矩形 1 副本】图层，再按 Ctrl+T 组合键执行自由变换命令，按住 Alt 键的同时将圆角矩形往中间缩放，单击确定后如图 9-1-48 所示。

图 9–1–48

步骤 6　选中【圆角矩形 1 副本】图层，按 Ctrl+J 组合键执行图层拷贝新建命令，此时生成【圆角矩形 1 副本 2】图层，再按 Ctrl+T 组合键执行自由变换命令，按住 Alt 键的同时将圆角矩形往中间缩放，单击确定后如图 9–1–49 所示。

图 9–1–49

步骤 7　选择工具箱中的【圆角矩形工具】，在选项栏中将【填充】改为啡色（R:106，G:57，B:6），【描边】改为无，【半径】改为 5 像素，在合适的位置绘制一个圆角矩形，此时生成【圆角矩形 2】图层，并将【圆角矩形 2】图层置于【圆角矩形 1】图层下方，如图 9–1–50 所示。

图 9-1-50

步骤 8 选中【圆角矩形 2】图层，选择工具箱中的【添加锚点工具】，在矩形路径的上方添加一个锚点，然后选择【直接选择工具】，将锚点往上方拖动，如图 9-1-51 所示。

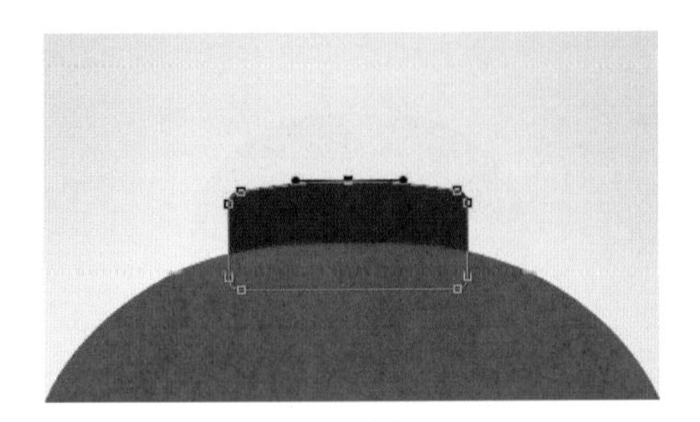

图 9-1-51

步骤 9 双击【圆角矩形 2】图层—【渐变叠加】,【混合模式】改为柔光,【不透明度】改为 68%,【渐变】改为黑—白—黑渐变,【角度】改为 0 度，如图 9-1-52 所示。单击确定后如图 9-1-53 所示。

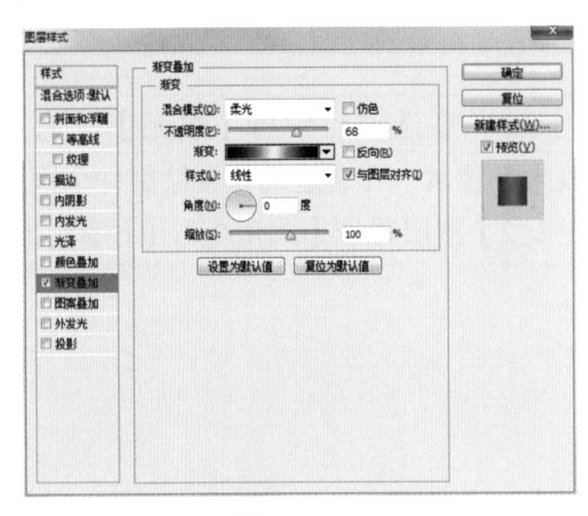

图 9-1-52

图 9-1-53

步骤 10 选中【圆角矩形 2】图层，按 Ctrl+J 组合键执行图层拷贝新建命令，此时生成【圆角矩形 2 副本】图层，按 Ctrl+T 组合键执行自由变换命令，在画布中单击【鼠标右键】—【垂直翻转】，并将该图形移至灯笼的下方，如图 9–1–54 所示。

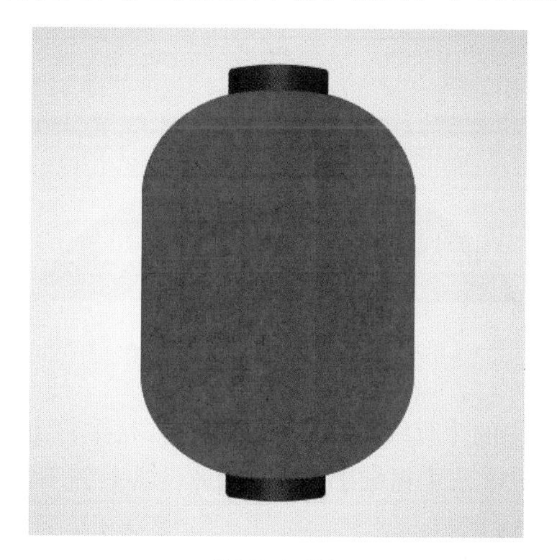

图 9–1–54

步骤 11 选择工具箱中的【椭圆工具】，在选项栏中将【填充】改为无，【描边】改为啡色（R:106，G:57，B:6），【描边宽度】改为 2 点，在合适的位置绘制一个椭圆形，此时生成【椭圆 1】图层，并将【椭圆 1】图层置于【圆角矩形 2】图层的下方，如图 9–1–55 所示。

图 9–1–55

步骤 12 选择工具箱中的【直接选择工具】，在画布中单击椭圆形，激活上方锚点，如图 9–1–56 所示。

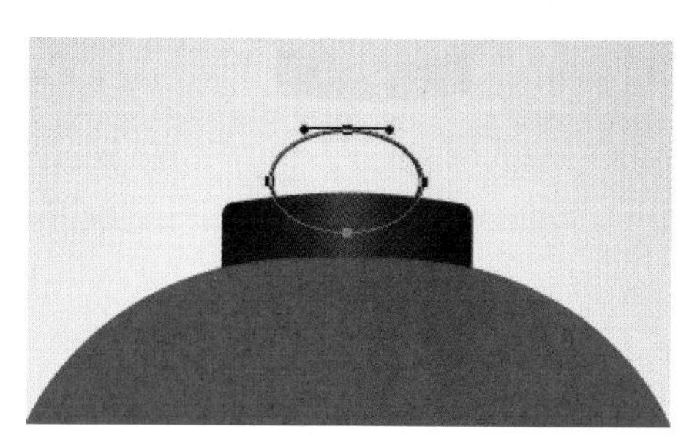

图 9–1–56

步骤 13 分别单击该锚点左右两侧的控制杆，将控制杆往中间缩进，然后选择工具箱中的【直接选择工具】，将锚点往上方拖动，如图 9-1-57 所示。

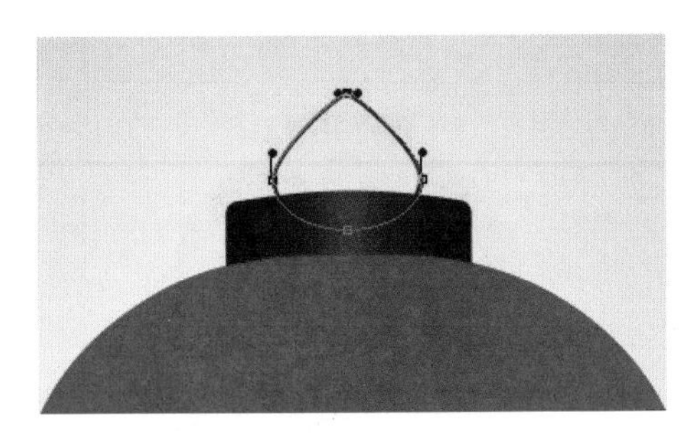

图 9-1-57

步骤 14 选择工具箱中的【直线工具】，在选项栏中将【填充】改为无，【描边】改为黄色（R:201，G:165，B:38），【粗细】改为 1 像素，在灯笼下方绘制一条直线，此时生成【形状 1】图层，如图 9-1-58 所示。

图 9-1-58

步骤 15 选中【形状 1】图层，按 Ctrl+J 组合键执行图层拷贝新建命令，此时生成【形状 1 副本】图层，然后按 Ctrl+T 组合键执行自由变换命令，将直线往右侧移动，单击确定后如图 9-1-59 所示。

图 9-1-59

步骤 16 重复按 Ctrl+Shift+Alt+T 组合键，执行变换复制命令，如图 9-1-60 所示。

图 9-1-60

步骤 17 选择工具箱中的【直排文字工具】IT，在合适的位置添加相应文字，最终效果如图 9-1-61 所示。

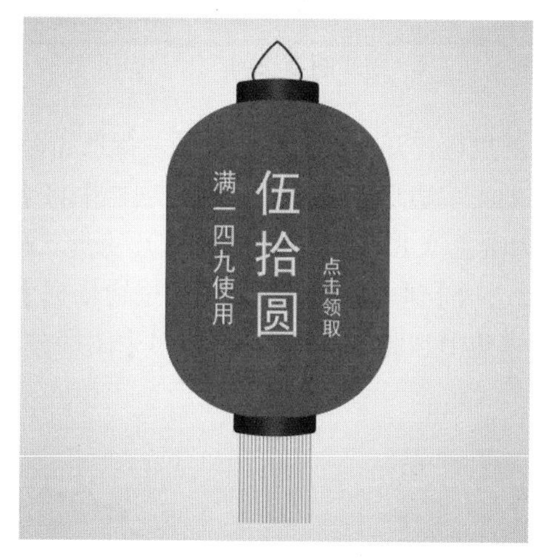

图 9-1-61

9.2 标签设计与制作

标签在网店广告中随处可见，它是信息传达的一种载体，是通过简洁明了的图形和色彩将少量信息集中整合的一种设计形式。标签的设计应做到体裁多样、构思灵巧、简洁易读，能给商品、活动等广告做指引和宣传，使消费者易于识别确认，诱发联想和想象。

9.2.1 徽章样式标签

素材位置：素材 / 背景 .jpg

视频位置：视频 /9.2.1 徽章样式标签 .avi

源文件位置：源文件 /9.2.1 徽章样式标签 .psd

本案例讲解徽章样式标签的制作，多边星形搭配低饱和度色系，使得标签既能融入整张背景图而又能起到很好的点缀作用，最终效果如图 9–2–1 所示。

图 9–2–1

步骤 1 按 Ctrl+O 组合键执行打开文件命令，打开“背景 .jpg”文件。

步骤 2 选择工具箱中的【多边形工具】，在选项栏中将【填充】改为红色（R:234，G:119，B:94），【描边】改为啡色（R:129，G:81，B:28），【形状描边宽度】改为 2 点，【边】改为 14，同时点击【多边形选项】，勾选星形，【缩进边依据】改为 20%，如图 9–2–2 所示。在合适的位置绘制一个多边形，此时生成【多边形 1】图层，如图 9–2–3 所示。

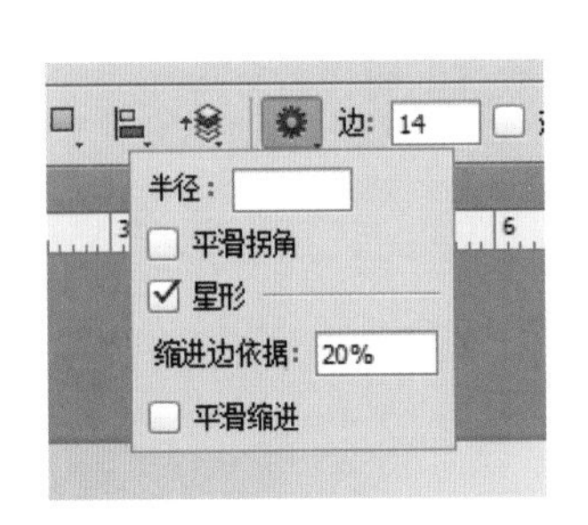

图 9–2–2

图 9–2–3

步骤 3 选择工具箱中的【矩形工具】，在选项栏中将【填充】改为啡色（R:209，G:192，B:165），【描边】改为啡色（R:129，G:81，B:28），【形状描边宽度】改为 2 点，在合适的位置绘制一个矩形，此时生成【矩形 1】图层，并将【矩形 1】图层置于【多边形 1】图层的下方，如图 9–2–4 所示。

图 9–2–4

步骤 4 选择工具箱中的【添加锚点工具】，在矩形路径的左侧添加一个锚点，如图 9-2-5 所示。

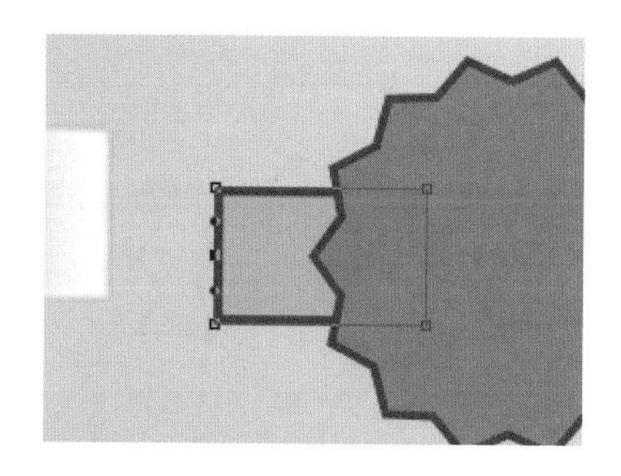

图 9-2-5

步骤 5 选择工具箱中的【转换点工具】，单击锚点，将锚点转换为角点，如图 9-2-6 所示。然后选择【直接选择工具】，将锚点往右侧拖动，如图 9-2-7 所示。

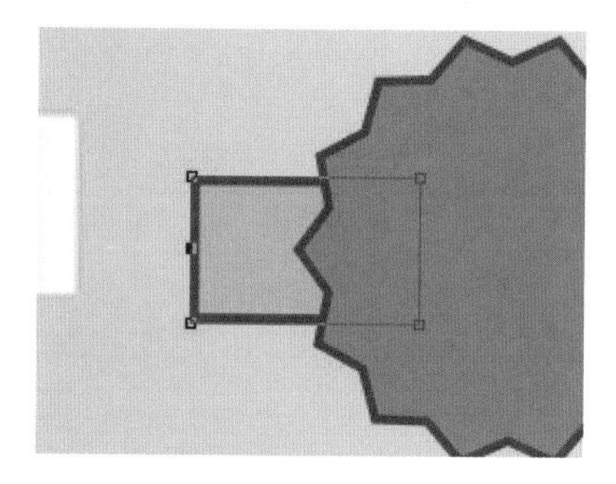

图 9-2-6

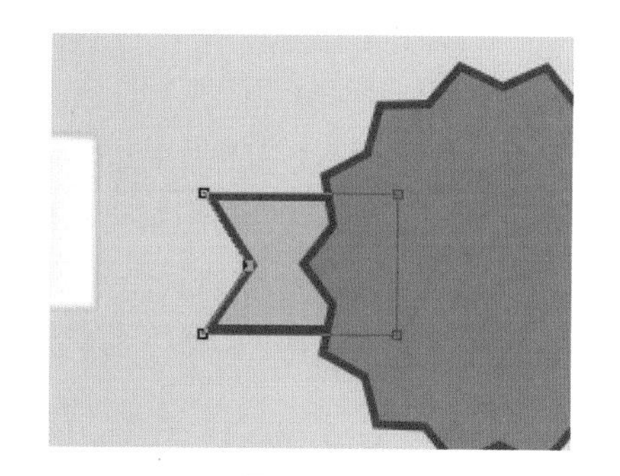

图 9-2-7

步骤 6 选中【矩形 1】图层，按 Ctrl+J 组合键执行图层拷贝新建命令，此时生成【矩形 1 副本】图层，选中【矩形 1 副本】图层，按 Ctrl+T 组合键执行自由变换命令，在画布中单击【鼠标右键】—【水平翻转】，并将图形拖动至右侧合适的位置，点击确定后如图 9-2-8 所示。

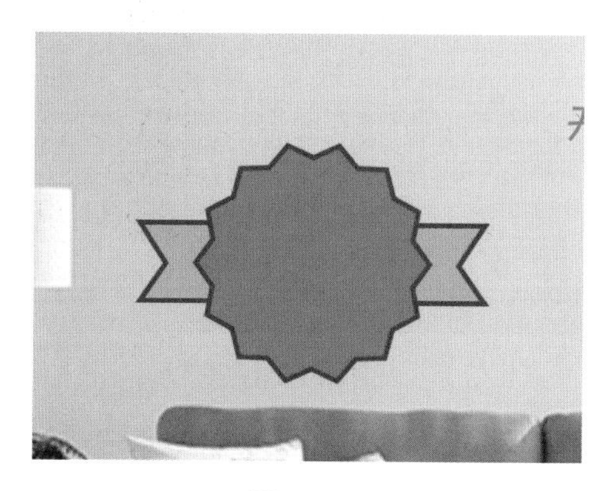

图 9-2-8

步骤 7 选择工具箱中的【横排文字工具】T，在合适的位置添加文字，最终效果如图 9-2-9 所示。

图 9-2-9

9.2.2 盾牌样式标签

素材位置：素材 / 背景 .jpg

视频位置：视频 /9.2.2 盾牌样式标签 .avi

源文件位置：源文件 /9.2.2 盾牌样式标签 .psd

本案例讲解盾牌样式标签的制作方法，“盾牌”寓意坚固、耐用，是品质的象征，立体质感的盾牌配上大号的“质”，增强消费信心，适合用于电子类产品的广告图，最终效果如图 9-2-10 所示。

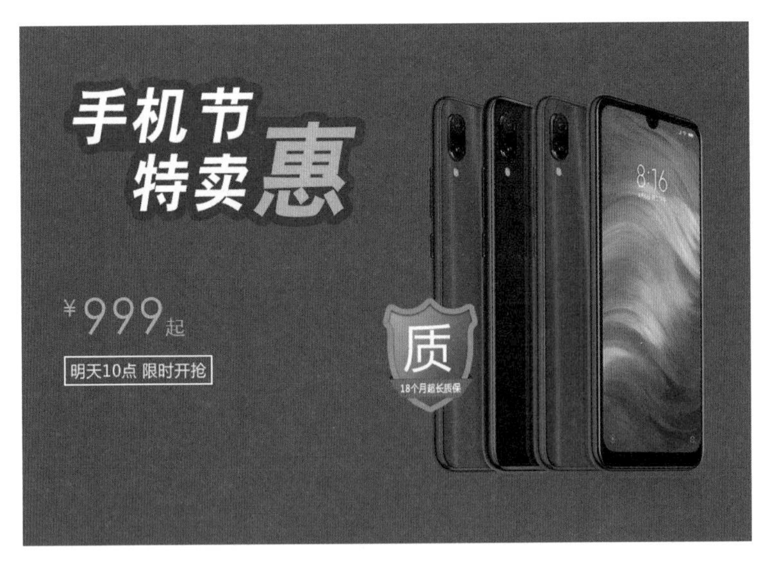

图 9-2-10

步骤 1 按 Ctrl+O 组合键执行打开文件命令，打开“背景 .jpg”文件。

步骤 2 选择工具箱中的【自定义形状工具】，在选项栏中将【填充】改为蓝色

（R:62，G:134，B:218），【描边】改为无，【形状】改为形状:，在合适的位置绘制一个盾形，此时形成【形状 1】图层，如图 9–2–11 所示。

图 9–2–11

步骤 3 双击【形状 1】图层—【描边】，将【大小】改为 7 像素，【颜色】改为蓝色（R:97，G:166，B:232），设置参数如图 9–2–12 所示。

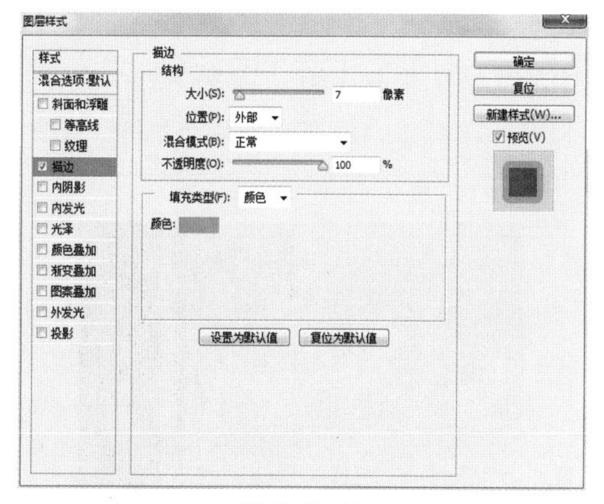

图 9–2–12

步骤 4 选中【内阴影】复选框，将【不透明度】改为 75%，【距离】改为 1 像素，【大小】改为 3 像素，设置参数如图 9–2–13 所示。

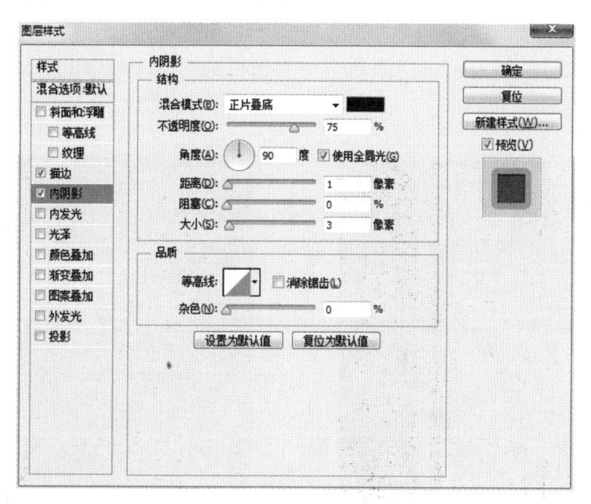

图 9–2–13

步骤 5 选中【渐变叠加】复选框，将【混合模式】改为柔光，【角度】改为 150 度，设置参数如图 9-2-14 所示。单击确定后如图 9-2-15 所示。

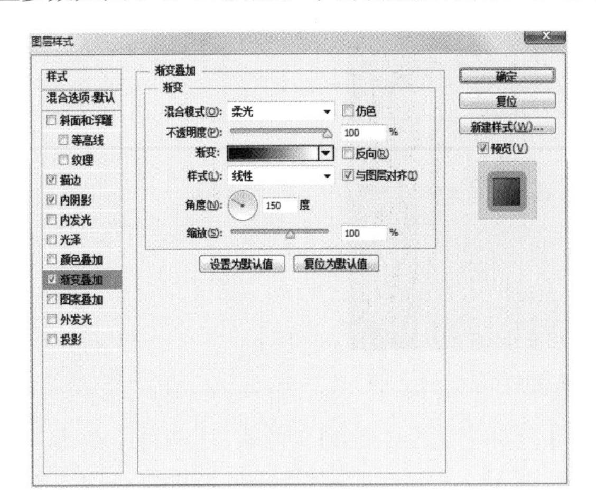

图 9-2-14

图 9-2-15

步骤 6 选择工具箱中的【矩形工具】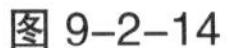，在选项栏中将【填充】改为红色（R:251，G:72，B:72），【描边】改为无，在合适的位置绘制一个矩形，此时生成【矩形 1】图层，如图 9-2-16 所示。

图 9-2-16

步骤 7 选中【矩形 1】图层，按 Ctrl+T 组合键执行自由变换命令，在画布中单击【鼠标右键】—【透视】，将变形框左下角和右下角的控制点往中间拖动，如图 9-2-17 所示。单击确定后如图 9-2-18 所示。

图 9-2-17

图 9-2-18

步骤 8 选择工具箱中的【钢笔工具】，在选项栏中将【工具模式】改为形状，【填充】改为深红色（R:125，G:0，B:0），【描边】改为无，在合适的位置绘制一个三角形，此时生成【形状 2】图层，并将【形状 2】图层置于【形状 1】图层的下方，如图 9–2–19 所示。

图 9–2–19

步骤 9 选中【形状 2】图层，按 Ctrl+J 组合键执行图层拷贝新建命令，此时生成【形状 2 副本】图层，按 Ctrl+T 组合键执行自由变换命令，在画布中单击【鼠标右键】—【水平翻转】，并将图形拖动至右侧合适的位置，单击确定后如图 9–2–20 所示。

图 9–2–20

步骤 10 选择工具箱中的【横排文字工具】，在合适的位置添加文字，最终效果如图 9–2–21 所示。

图 9–2–21

9.2.3 旗帜样式标签

素材位置：素材 / 背景 .jpg

视频位置：视频 /9.2.3 旗帜样式标签 .avi

源文件位置：源文件 /9.2.3 旗帜样式标签 .psd

本案例讲解旗帜样式标签的制作方法，以红色为主体色，通过适当的变形营造出旗帜飘扬的效果，同时搭配醒目的促销语，最终效果如图 9-2-22 所示。

图 9-2-22

步骤 1 按 Ctrl+O 组合键执行打开文件命令，打开“背景 .jpg”文件。

步骤 2 选择工具箱中的【矩形工具】，在选项栏中将【填充】改为红色（R:235，G:104，B:119），【描边】改为无，在合适的位置绘制一个矩形，此时生成【矩形 1】图层，如图 9-2-23 所示。

图 9-2-23

步骤 3 选择工具箱中的【矩形工具】，在选项栏中将【填充】改为红色（R:224，G:61，B:79），【描边】改为无，在合适的位置绘制一个矩形，此时生成【矩形 2】图层，如图 9-2-24 所示。

图 9-2-24

步骤 4 选中【矩形 2】图层，然后选择工具箱中的【添加锚点工具】，在矩形路径的左侧添加一个锚点，如图 9-2-25 所示。

图 9-2-25

步骤 5 选择工具箱中的【转换点工具】，单击锚点，将锚点转换为角点，如图 9-2-26 所示。然后选择工具箱中的【直接选择工具】，将锚点往右侧拖动，如图 9-2-27 所示。

图 9-2-26

图 9-2-27

步骤 6 选中【矩形 2】图层，按 Ctrl+J 组合键执行图层拷贝新建命令，此时生成【矩形 2 副本】图层，然后按 Ctrl+T 组合键执行自由变换命令，在画布中单击【鼠标右键】—【水平翻转】，并将图形拖动至右侧合适的位置，如图 9-2-28 所示。

图 9-2-28

步骤 7 选择工具箱中的【钢笔工具】，在选项栏中将【工具模式】改为形状，【填充】改为红色（R:164，G:0，B:53），【描边】改为无，在合适的位置绘制一个三角形，此时生成【形状 1】图层，并将【形状 1】图层置于【矩形 1】图层的下方，如图 9-2-29 所示。

图 9-2-29

步骤 8 用上述同样的方式在右侧绘制一个三角形，如图 9-2-30 所示。

图 9-2-30

步骤 9　选择工具箱中的【横排文字工具】T，在合适的位置添加文字，如图 9-2-31 所示。

图 9-2-31

步骤 10　同时选中除背景外所有图层，如图 9-2-32 所示。然后按 Ctrl+E 组合键执行图层合并命令，并将生成的图层名称改为【旗帜】，如图 9-2-33 所示。

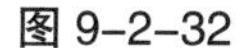

图 9-2-32

图 9-2-33

步骤 11　选中【旗帜】图层，按 Ctrl+T 组合键执行自由变换命令，在画布中单击【鼠标右键】—【变形】，在选项栏中将【变形】改为旗帜，【弯曲】改为 -30%，单击确定后最终效果如图 9-2-34 所示。

图 9-2-34

9.2.4 卷边样式标签

素材位置：素材 / 背景 .jpg

视频位置：视频 /9.2.4 卷边样式标签 .avi

源文件位置：源文件 /9.2.4 卷边样式标签 .psd

本案例讲解卷边样式标签的制作方法，卷边样式标签就是在标签的边沿做出向外翻卷的效果，设计卷边的过程中要注意适当添加一些光影才能产生逼真的效果，最终效果如图 9-2-35 所示。

图 9-2-35

步骤 1 按 Ctrl+O 组合键执行打开文件命令，打开“背景 .jpg”文件。

步骤 2 选择工具箱中的【椭圆工具】，在选项栏中将【填充】改为黄色（R:219，G:177，B:73），【描边】改为无，在合适的位置绘制一个正圆，此时生成【椭圆 1】图层，如图 9-2-36 所示。

图 9-2-36

步骤 3 双击【椭圆 1】图层—【渐变叠加】，将【不透明度】改为 62%，【渐变】改为黄色（R:191，G:148，B:43）到白色的渐变色，【角度】改为 153 度，【缩放】改为 85%，设置参数如图 9-2-37 所示。单击确定后如图 9-2-38 所示。

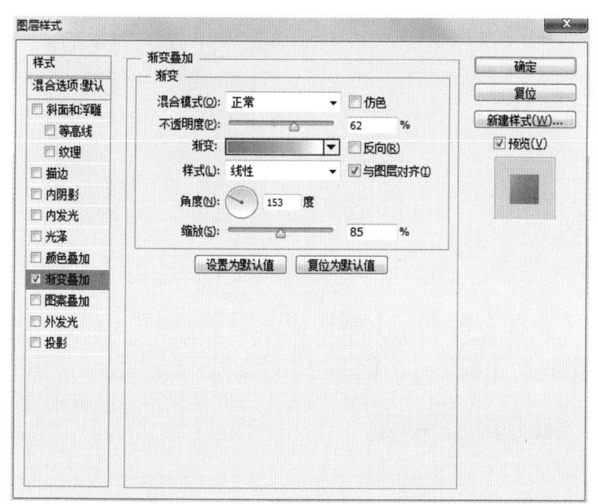

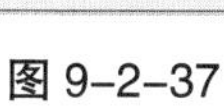
图 9-2-37

图 9-2-38

步骤 4 选择工具箱中的【椭圆工具】，在选项栏中将【填充】改为无，【描边】改为黄色（R:219，G:177，B:73），【描边宽度】改为 7 点，在合适的位置绘制一个正圆，此时生成【椭圆 2】图层，如图 9-2-39 所示。

图 9-2-39

步骤 5　双击【椭圆 2】图层 —【渐变叠加】，将【渐变】改为黄色（R:219，G:177，B:73）到浅黄色（R:254，G:242，B:212）到深黄色（R:183，G:142，B:18）到浅黄（R:255，G:245，B:214）到黄色（R:228，G:188，B:62）到浅黄色（R:253，G:243，B:211）到黄色（R:230，G:195，B:82）的渐变色，如图 9-2-40 所示。单击确定后如图 9-2-41 所示。

图 9-2-40

图 9-2-41

步骤 6　选中除背景外所有图层，单击【鼠标右键】—【栅格化图层】，再按 Ctrl+E 组合键执行图层合并命令，并将生成的图层名称改为【标签】，如图 9-2-42 所示。

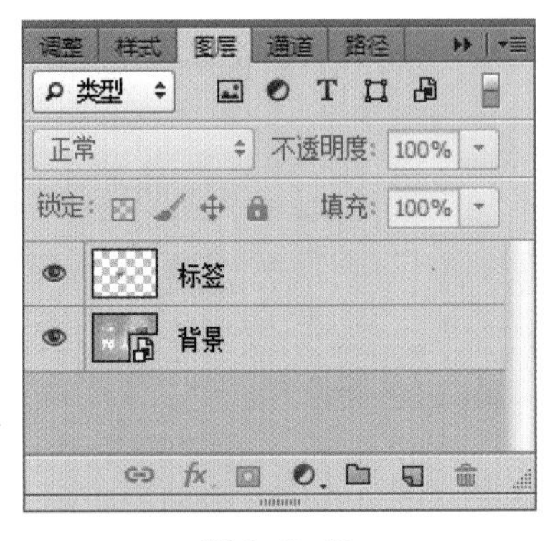

图 9-2-42

步骤 7　选中【标签】图层，然后选择工具箱中的【多边形套索工具】，在标签的右下角绘制一个选区，如图 9-2-43 所示。

图 9-2-43

步骤 8　按 Ctrl+Shift+J 组合键执行剪切新建图层命令，此时生成【图层 1】图层，选中【图层 1】图层，按 Ctrl+T 组合键执行自由变换命令，在画布中单击【鼠标右键】—【旋转 180 度】，再将图像适当调整，单击确定后如图 9-2-44 所示。

图 9-2-44

步骤 9　双击【图层 1】图层 —【渐变叠加】，将【渐变】改为深黄色（R:149，G:109，B:10）到白色到浅黄色（R:216，G:183，B:101）的渐变色，如图 9-2-45 所示，再将【角度】改为 155 度，【缩放】改为 45%，反复调整后使得高光部分与切面平行。再选中【投影】复选框，将【不透明度】改为 27%，【角度】改为 -90 度，单击确定后如图 9-2-46 所示。

图 9-2-45

图 9-2-46

步骤 10 选择工具箱中的【横排文字工具】T，在合适的位置添加文字，并将文字图层置于【图层 1】图层的下方，最终效果如图 9-2-47 所示。

图 9-2-47